建筑AutoCAD 项目化教程

高职高专艺术学门类
"十三五"规划教材

职业教育改革成果教材

■ 主编 潘洋宇 王悦 田人羽

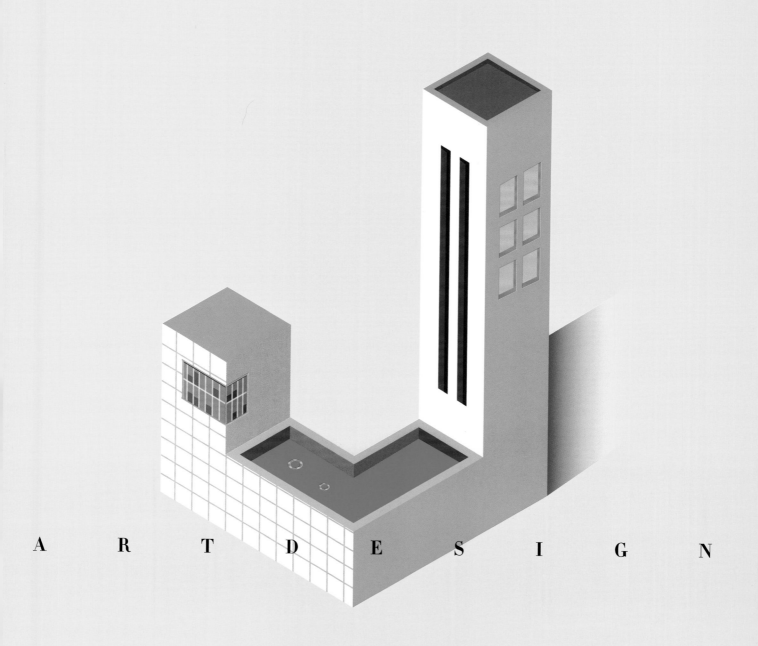

A R T D E S I G N

华中科技大学出版社
http://www.hustp.com
中国·武汉

内 容 简 介

本书通过多个项目和案例,系统并详细地讲解了 AutoCAD 2014 的命令使用方法和绘图技巧。全书包括六个项目,内容涵盖 AutoCAD 基本知识与基本操作、平面艺术图的绘制、家装平面图的绘制、建筑平面图的绘制、建筑立面图的绘制和三维建模等。

本书以项目化为主线,以任务为引导,深入浅出,循序渐进,既可作为高等院校,中、高等职业技术院校及各类培训学校的教材,也适合建筑工程技术类、环境艺术设计类、产品艺术设计和包装设计类等专业学生使用。

图书在版编目(CIP)数据

建筑 AutoCAD 项目化教程/潘洋宇,王悦,田人羽主编. —武汉:华中科技大学出版社,2019.8(2023.1重印)
高职高专艺术学门类"十三五"规划教材
ISBN 978-7-5680-5357-0

Ⅰ.①建… Ⅱ.①潘… ②王… ③田… Ⅲ.①建筑设计-计算机辅助设计-AutoCAD 软件-高等职业教育-教材
Ⅳ.①TU201.4

中国版本图书馆 CIP 数据核字(2019)第 179254 号

建筑 AutoCAD 项目化教程   潘洋宇 王 悦 田人羽 主编
Jianzhu AutoCAD Xiangmuhua Jiaocheng

策划编辑:江 畅
责任编辑:史永霞
封面设计:优 优
责任监印:朱 玢
出版发行:华中科技大学出版社(中国·武汉)   电话:(027)81321913
　　　　　武汉市东湖新技术开发区华工科技园   邮编:430223
录　　排:华中科技大学惠友文印中心
印　　刷:湖北金港彩印有限公司
开　　本:880 mm×1230 mm　1/16
印　　张:8.5
字　　数:275 千字
版　　次:2023 年 1 月第 1 版第 3 次印刷
定　　价:49.00 元

　　随着建筑工程和室内装饰行业的飞速发展，社会需要大量的建筑设计及室内设计人才，熟练掌握 AutoCAD 软件的操作是这类人才必需的技能。教学方式从传统偏重知识的传授向知识和技能并重转变尤为重要，让学生轻松快乐学习，在学校学习期间就能充分掌握并灵活应用绘图和编辑命令，为后期建筑施工图的绘制打下扎实的基础。

　　本书采用项目化教学、任务驱动的编写思路，全书包括六个项目，大部分项目安排了针对性、代表性很强的学习任务，将知识点和操作技能融入各个任务项目，注重培养学生的实践动手能力。任务安排由简单到复杂的绘图技巧，由浅入深，大大地提高了学生学习的效率。

　　本书提倡做中学，学中做，边学边练，教学做一体，满足教学需要。项目内容按照"知识点→典型任务→课后练习"的方式安排，即先讲解任务中所需要的命令，然后用任务和练习巩固所学命令。在任务的安排上，从简单到复杂，后面的任务既考虑新知识，也考虑将前面任务涉及的命令包含进去，层层递进，循环复习所学知识，达到温故而知新的目的。

　　本书由淮安信息职业技术学院潘洋宇、王悦，南京科技职业学院田人羽担任主编。限于编者水平，书中难免有疏漏甚至错误之处，敬请广大读者批评指正。

编者
2019 年 8 月

目录
Contents

Jianzhu AutoCAD Xiangmuhua Jiaocheng

项目一
AutoCAD 基本知识与基本操作

任务 1
操 作 文 件

1. 打开方式

(1)双击桌面 AutoCAD 图标█。

(2)开始→程序→Autodesk→AutoCAD 2014。

2. AutoCAD 的界面组成

AutoCAD 的界面一般由标题栏、菜单栏、工具栏、绘图窗口、命令行、状态栏组成。图 1-1 所示为工作空间是 AutoCAD 经典模式的界面,图 1-2 所示为工作空间是 AutoCAD 草图与注释模式的界面。

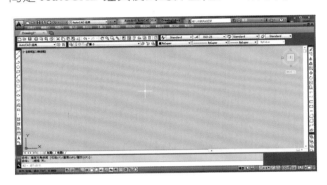

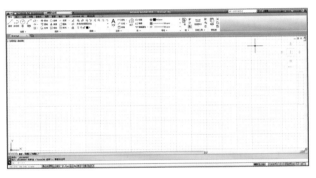

图 1-1   图 1-2

标题栏:记录了 AutoCAD 的标题和当前文件的名称。

菜单栏:当前软件命令的集合。

工具栏:包括标准工具栏、图层工具栏、对象工具栏(颜色控制、线型控制、线宽控制、打印样式控制)、绘图工具栏、修改工具栏、样式工具栏(文字样式管理器、标注样式管理器)

注:在工具栏空白处右击,我们会发现快捷菜单中包含所有 AutoCAD 工具。

绘图窗口:绘图区、工作界面。

模型和布局:通常在模型空间中设计图纸,在布局中打印图纸。

命令行:供用户通过键盘输入命令的地方,位于窗口下方,F2 为命令行操作的全部显示。

状态栏:左侧为信息提示区,用以显示当前鼠标指针的坐标值和工具按钮提示信息等,右侧为功能按钮区,单击不同的功能按钮,可以开启对应功能,提高作图速度。

选项卡:有默认、布局、参数、插入等。

命令面板:有绘图、修改、图层、注释等。

3. 文件的新建、打开、保存、关闭命令

新建:①"文件"菜单下的"新建"命令;②快捷键为 Ctrl+N。

打开:①"文件"菜单下的"打开"命令;②快捷键为 Ctrl+O。

保存:①"文件"菜单下的"保存"命令;②快捷键为 Ctrl+S。

关闭:①单击标题栏上的"关闭"按钮;②快捷键为 Alt+F4;③单击控制菜单按钮。

任务 2
鼠标和键盘的基本操作

鼠标和键盘在 AutoCAD 操作中起着非常重要的作用,是我们不可缺少的工具。

AutoCAD 采用了大量的 Windows 的交互技术,使鼠标操作的多样化、智能化程度更高。在 AutoCAD 中绘图、编辑都要用到鼠标,灵活使用鼠标,对于加快绘图速度、提高绘图质量有着非常重要的作用,所以有必要先介绍一下鼠标指针在不同情况下的形状和鼠标的几种使用方法。

1. 鼠标指针的形状

作为 Windows 的用户,大家都知道鼠标的指针有很多样式,不同的形状表示系统处在不同的状态,AutoCAD 也不例外。了解鼠标指针的形状对用户进行 AutoCAD 操作非常重要。各种鼠标指针形状的含义如表 1-1 所示。

表 1-1   各种鼠标指针形状含义

形 状	含 义	形 状	含 义
✛	正常绘图状态	⤡	调整右上左下大小
▷	指向状态	↔	调整左右大小
╋	输入状态	⤢	调整左上右下大小
▢	选择对象状态	↕	调整上下大小
⚲	缩放状态	✋	视图平移符号
⇟	调整命令窗大小	I	插入文本符号

此外,在 AutoCAD 2014 中,光标被提升为带有反映操作状态的标记,如执行"缩放"命令时,光标旁增加了缩放标记,如图 1-3(a)所示;还添加了常用编辑命令的预览功能,如执行"修剪"命令时,将被删除的线段会稍暗显示,而且光标标记变为"▫ˣ"指示该线段将被修剪,如图 1-3(b)所示。

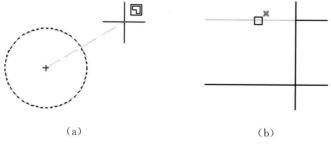

（a）   （b）

图 1-3

2. 鼠标的基本操作

鼠标的基本操作主要包括以下几种:
(1)指向:把鼠标指针移动到某一个图标按钮上,系统会自动显示出该图标按钮的名称和说明信息。
(2)单击左键:鼠标左键主要用于选择命令、选择对象、绘图等。
(3)单击右键:鼠标右键用于结束选择目标、弹出快捷菜单、结束命令等。
(4)双击左键:在某一图形对象上双击鼠标左键,可在打开的特性对话框中修改其特性。

(5)间隔双击:主要用于对文件或层进行重命名。

(6)拖动:在某对象上按住鼠标左键,移动鼠标指针位置,在适当的位置释放,可改变对象位置。

(7)滚动中键:在绘图区滚动鼠标中键可以实现对视图的实时缩放。

(8)拖动中键:在绘图区直接拖动鼠标中键可以实现视图的实时平移;按住 Ctrl 键拖动鼠标中键可以沿某一方向实时平移视图;按住 Shift 键拖动鼠标中键可以实时旋转视图。

(9)双击中键:在图形区双击鼠标中键,可以将所绘制的全部图形完全显示在屏幕上,使其便于操作。

3. 键盘的基本操作

使用 AutoCAD 软件绘制图形时,键盘一般用于输入坐标值、输入命令和选择命令选项等。

以下介绍常用的几个按键的作用:

(1)Enter 键:确认某一操作,提示系统进行下一步操作。例如:输入命令结束后,需按 Enter 键。

(2)Esc 键:取消某一操作,恢复到无命令状态。若要执行一个新命令,可按 Esc 键退出当前命令。

(3)在无命令状态下,按 Enter 键和空格键表示重复上一次的命令。

(4)Delete 键:用于快速删除选中的对象。

任务 3
调 用 命 令

使用 AutoCAD 绘制图形,必须对系统下达命令,系统通过执行命令,在命令行窗口出现相应的提示,用户根据提示输入相应的指令,完成图形的绘制。所以,用户应当熟练掌握命令调用的方式和命令的操作方法,还需掌握命令提示中常用选项的用法及含义。

1. 命令调用方式

调用命令的方式有很多种,这些方式之间可能存在难易、繁简的区别。用户可以在不断的练习中找到一种适合自己的、最快捷的绘图方法或技巧。命令调用方式主要有以下 5 种:

(1)单击功能区按钮:单击功能区中的图标按钮调用命令的方法形象、直观,是初学者最常用的方法。将鼠标在按钮处停留数秒,会显示该按钮工具的名称,帮助用户识别。如单击功能区"默认"选项卡→"绘图"面板→"直线"按钮╱,可以启动绘制直线命令。

(2)选择菜单栏命令:一般的命令都可以通过菜单栏找到,它是一种较实用的命令执行方法。

(3)在命令行中输入命令:在命令行中输入相关操作的完整命令或快捷命令,然后按 Enter 键或空格键即可执行命令。如绘制直线,可以在命令行中输入"LINE"或"L",然后按 Enter 键或空格键执行绘制直线命令。

> **提示:** AutoCAD 的完整命令一般情况下是该命令的英文,快捷命令一般是英文命令的首字母,当两个命令首字母相同时,大多数情况下使用该命令的前两个字母即可调用该命令,需要用户在使用过程中记忆。直接输入命令是执行最快速的方式。

(4)使用右键菜单:单击鼠标右键,在出现的快捷菜单中单击选取相应命令或选项即可激活相应功能。

(5)使用快捷键和功能键:使用快捷键和功能键是最简单快捷的执行命令的方式。常用的快捷键和功能键如表 1-2 所示。

表 1-2　常用快捷键和功能键

快捷键或功能键	功　　能	快捷键或功能键	功　　能
F1	AutoCAD 帮助	Ctrl + N	新建文件
F2	文本窗口开/关	Ctrl + O	打开文件
F3 / Ctrl+F	对象捕捉开/关	Ctrl + S	保存文件
F4	三维对象捕捉开/关	Ctrl + Shift + S	另存文件
F5 / Ctrl+E	等轴测平面转换	Ctrl + P	打印文件
F6 /Ctrl+D	动态 UCS 开/关	Ctrl + A	全部选择图线
F7 / Ctrl+G	栅格显示开/关	Ctrl + Z	撤销上一步的操作
F8 / Ctrl+L	正交开/关	Ctrl + Y	重复撤销的操作
F9 / Ctrl+B	栅格捕捉开/关	Ctrl + X	剪切
F10 / Ctrl+U	极轴开/关	Ctrl + C	复制
F11 / Ctrl+W	对象追踪开/关	Ctrl + V	粘贴
F12	动态输入开/关	Ctrl + J	重复执行上一命令
Delete	删除选中的对象	Ctrl + K	超级链接
Ctrl + 1	对象特性管理器开/关	Ctrl + T	数字化仪开/关
Ctrl + 2	设计中心开/关	Ctrl + Q	退出 CAD

　　调用命令后,系统并不能够自动绘制图形,用户需要根据命令行窗口的提示进行操作才能绘制图形。提示有以下几种形式:

　　(1)直接提示:这种提示直接出现在命令行窗口,用户可以根据提示了解该命令的设置模式或直接执行相应的操作完成绘图。

　　(2)中括号内的选项:有时在提示中会出现中括号,中括号内的选项称为可选项。想使用该选项,可直接用鼠标单击选项或者使用键盘输入相应选项后小括号内的字母,按 Enter 键完成选择。

　　(3)尖括号内的选项:有时提示内容中会出现尖括号,尖括号中的选项为默认选项,直接按 Enter 键即可执行该选项。

　　例如执行【偏移】命令做平行线时,命令行出现的提示如图 1-4 所示。

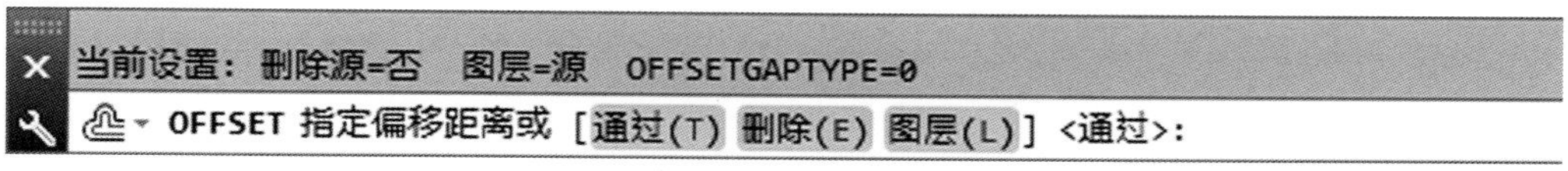

图 1-4

　　命令行上部显示"当前设置:删除源＝否　图层＝源　OFFSETGAPTYPE＝0",提示用户当前的设置模式为不删除原图线,作出的平行线和原图线在一个图层,偏移方式为 0。

　　命令行底部显示"指定偏移距离",提示用户输入偏移距离,如果直接输入距离并按 Enter 键,即可设定平行线的距离。

　　"[通过(T)/删除(E)/图层(L)]"为可选项,如果想使用图层选项,可用鼠标单击该选项,或直接输入"L"并按 Enter 键,即可根据提示设置新生成的图线的图层属性。

　　"＜通过＞"选项:是默认选项,如果直接按 Enter 键即可响应该选项,根据提示通过点做某图线的平行线。

2. 命令的重复、终止和撤销

1）命令的重复

AutoCAD 2014 可以方便地使用重复的命令,命令的重复指的是执行已经执行过的命令。

在 AutoCAD 2014 中,有以下 5 种方法重复执行命令:

(1)无命令状态下,按 Enter 键或空格键即可重复执行上一次的命令。

(2)无命令状态下,按键盘上的"↑"键或"↓"键,可以上翻或下翻已执行过的命令,翻至命令行出现所需命令时,按 Enter 键或空格键即可重复执行命令。

(3)无命令状态下,在绘图区中右击,在弹出的快捷菜单中选择"重复"命令,即可执行上一次的命令,如图 1-5(a)所示;若选择"最近的输入"命令,即可选择重复执行之前的某一命令,如图 1-5(b)所示。

(4)在命令行上右击,在弹出的快捷菜单中选择"最近使用的命令",即可选择重复执行之前的某一命令,如图 1-6 所示。

图 1-5

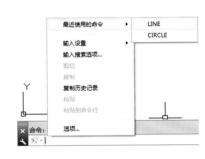

图 1-6

(5)无命令状态下,单击命令行的 ▶ 按钮,通过弹出的快捷菜单选择最近使用的命令,如图 1-7 所示。

2）命令的终止

AutoCAD 2014 在命令执行的过程中,有以下 2 种方法终止命令:

(1)按 Esc 键。

(2)在绘图区右击,弹出图 1-8 所示的快捷菜单。通过选择其中的"确认"或"取消"命令均可终止命令。选择"确认"表示接受当前的操作并终止命令,选择"取消"表示取消当前操作并终止命令。

图 1-7

图 1-8

3）命令的撤销

AutoCAD 提供了撤销命令,比较常用的有 U 命令和 UNDO 命令。每执行一次 U 命令,放弃一步操作,直到图形与当前编辑任务开始时相同为止;而 UNDO 命令可以一次取消数个操作。

例 1 以图 1-9 所示的正在绘制的直线为例描述撤销命令的使用方法。

(1)若只放弃最近一次绘制的直线,如只撤销第 3 条直线,可以按以下 4 种方法执行撤销命令:

● 在命令行中输入"U"或"UNDO";

● 按 Ctrl＋Z 组合键;

● 在绘图区右击,选择"放弃"命令;

● 选择菜单栏中的"编辑"→"放弃"命令。

(2)若将图 1-9 所示的已绘制的 3 条直线全部放弃,可单击快速访问工具栏中的"放弃"按钮 。

例 2 如图 1-10 所示,若已绘制完当前所需绘制的直线,此时在命令行中输入"U"或"UNDO"、按 Ctrl＋Z 组合键、在绘图区右击→选择"放弃"命令、单击菜单栏中的"编辑"→"放弃"命令、单击快速访问工具栏中的"放弃"按钮 ,都可以将已绘制好的 3 条直线一次性放弃。

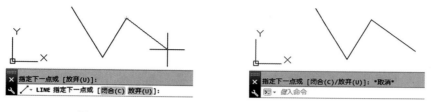

图 1-9   图 1-10

注意:单击快速访问工具栏中的"重做"按钮 ,则恢复已经被放弃的操作,必须紧跟在撤销命令之后。

任务 4
认识坐标系

在绘图过程中,如果要精确定位某个对象的位置,则应以某个坐标系作为参照。

1. 世界坐标系和用户坐标系

AutoCAD 包括两种坐标系:世界坐标系(WCS)和用户坐标系(UCS)。默认状态下是世界坐标系,用户也可以定义自己的坐标系,即用户坐标系。

1)世界坐标系

世界坐标系是 AutoCAD 中默认的坐标系,进行绘图工程时,用户可以将绘图窗口设想成一张无限大的图纸,在这张图纸上已经设置世界坐标系。世界坐标系由 X 轴、Y 轴和 Z 轴组成。二维绘图模式下,水平向右为 X 轴正方向,竖直向上为 Y 轴正方向。X 轴和 Y 轴的交汇处为坐标原点,有一个方框形标记"□",如图 1-11(a)所示。坐标原点位于屏幕绘图窗口的左下角,固定不变。

2)用户坐标系

如果绘图过程中用户一直使用世界坐标系,则需要每次都以原点为标准来确定对象的坐标位置,这样会降低绘图效率。为了更高效并精确地绘图,用户可以根据需求创建自己的用户坐标系,图 1-11(b)为用户坐标系。

在用户坐标系中,原点和 X、Y、Z 轴的方向都可以移动或旋转,甚至可以依赖于图形中某个特定的对象,在绘图过

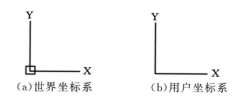

(a)世界坐标系   (b)用户坐标系

图 1-11

程中使用起来有很大的灵活性。默认情况下,用户坐标系和世界坐标系重合,当用户坐标系和世界坐标系不重合时,用户坐标系的图标中将没有小方框,利用这点,很容易辨别当前绘图处于哪个坐标系中。

2. 坐标格式

AutoCAD 2014 中的坐标共有 4 种格式,分别为绝对直角坐标(笛卡儿坐标)、相对直角坐标、绝对极坐标和相对极坐标,各坐标格式说明如下:

(1)绝对直角坐标:相对于坐标原点的坐标值,以分数、小数或科学计数表示点的 X、Y、Z 的坐标值,其间用逗号隔开,例如:−30,50,0。

(2)相对直角坐标:相对于前一点(可以不是坐标原点)的直角坐标值,表示方法为在坐标值前加符号"@",例如:@−30,50,0。

(3)绝对极坐标:用距离坐标原点的距离(极径)和与 X 轴的角度(极角)来表示点的位置,以分数、小数或科学计数表示极径,在极角数字前加符号"<",两者之间没有逗号,例如:4<120。

(4)相对极坐标:与相对直角坐标类似,在坐标值前加符号"@"表示相对极坐标,例如:@4<120。

任务 5
AutoCAD 的图形显示控制

按照一定的比例、观察位置和角度显示图形称为视图。视图的控制是指图形的缩放、平移、命名等功能。本节对这些功能进行简单的介绍。

1. 缩放视图

缩放命令的功能如同照相机中的变焦镜头,它能够放大或缩小当前视口中观察对象的视觉尺寸,而对象的实际尺寸并不改变。放大一个视觉尺寸,能够更详细地观察图形中的某个较小的区域,反之,可以更大范围地观察图形。

在 AutoCAD 2014 中,有以下 3 种方法执行缩放操作:

(1)选择菜单栏中的"视图"→"缩放"命令,显示"缩放"子菜单,如图 1-12 所示。

(2)单击导航栏中的缩放系列按钮,如图 1-13 所示。

(3)在命令行中输入命令:ZOOM(或 Z),然后按 Enter 键。

图 1-12

图 1-13

在"缩放"子菜单和导航栏中有各种缩放工具。运行 ZOOM 命令后，命令行中会提示相应信息，如图 1-14 所示。

```
命令：ZOOM
指定窗口的角点，输入比例因子 (nX 或 nXP)，或者
ZOOM [全部(A) 中心(C) 动态(D) 范围(E) 上一个(P) 比例(S) 窗口(W) 对象(O)] <实时>：
```

图 1-14

这些选项和"缩放"子菜单以及导航栏中的缩放工具一一对应。

常用的缩放工具有实时缩放、窗口缩放、动态缩放、比例缩放、中心缩放、对象缩放、放大、缩小、全部缩放、范围缩放。下面分别介绍这些缩放工具的含义：

1）实时缩放

选择该缩放工具后，按住鼠标左键，向上拖动鼠标，就可以放大图形，向下拖动鼠标，则缩小图形。按 Esc 键或回车键结束实时缩放操作，或者右击鼠标，选择快捷菜单中的"退出"项也可以结束当前的实时缩放操作。

实际操作时，一般滚动鼠标中键完成视图的实时缩放。当光标在绘图区时，向上滚动鼠标滚轮为实时放大视图，向下滚动鼠标滚轮为实时缩小视图。

2）窗口缩放

选择该缩放工具后，通过指定要查看区域的两个对角，可以快速缩放图形中的某个矩形区域。确定要察看的区域后，该区域的中心成为新的屏幕显示中心，该区域内的图形被放大到整个显示屏幕。在使用窗口缩放后，图形中所有对象均以尽可能大的尺寸显示，同时又能适应当前视口或当前绘图区域的大小。

角点在选择时，将图形要放大的部分全部包围在矩形框内。矩形框的范围越小，图形显示的越大。

3）动态缩放

动态缩放与窗口缩放有相同之处，它们放大的都是矩形选择框内的图形，但动态缩放比窗口缩放灵活，可以随时改变选择框的大小和位置。

选择动态缩放工具后，绘图区会出现选择框，如图 1-15 所示。此时拖动鼠标可移动选择框到需要位置，单击鼠标后选择框的形状如图 1-16 所示。此时拖动鼠标即可按箭头所示方向放大或反向缩小选择框，并可上下移动。在图 1-16 状态下单击鼠标可以变换为图 1-15 所示的状态，拖动鼠标可以改变选择框的位置。用户可以通过单击鼠标在两种状态之间切换。需要注意的是，图 1-15 所示的状态可以通过拖动鼠标改变位置，图 1-16 所示的状态可以通过拖动鼠标改变选择框的大小。

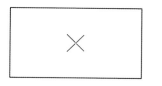　　　　　　

图 1-15　　　　　　　　　　　　图 1-16

不论选择框处于何种状态，只要将需要放大的图样选择在框内，按 Enter 键即可将其放大并且为最大显示。注意，选择框越小，放大的倍数越大。

4）范围缩放

范围缩放使用尽可能大的、可包含图形中所有对象的放大比例显示视图。此视图包含已关闭图层上的对象，但不包含冻结图层上的对象。图形中所有对象均以尽可能大的尺寸显示，同时又能适应当前视口或当前绘图区域的大小。

5）对象缩放

对象缩放使用尽可能大的、可包含所有选定对象的放大比例显示视图。可以在启动"ZOOM"命令之前

或之后选择对象。

6)全部缩放

全部缩放显示用户定义的绘图界限和图形范围,无论哪一个视图较大。在当前视口中缩放显示整个图形。在平面视图中,所有图形将被缩放到栅格界限和当前范围两者中较大的区域中。图形栅格的界限将填充当前视口或绘图区域,如果在栅格界限之外存在对象,它们也被包括在内。

7)其他缩放

比例缩放:以指定的比例因子缩放显示图形。

上一个缩放:恢复上次的缩放状态。

中心缩放:缩放显示由中心点和放大比例(或高度)所定义的窗口。

2.平移视图

视图的平移是指在当前视口中移动视图,在不改变图形的缩放显示比例的情况下,观察当前图形的不同部位。该命令的作用如同通过一个显示窗口审视一幅图纸,可以将图纸上、下、左、右移动,而观察窗口的位置不变。

视图平移可以使用以下 3 种方法:

(1)单击导航栏中的平移按钮🖑即可进入视图平移状态,此时鼠标指针形状变为🖑,按住鼠标左键拖动鼠标,视图的显示区域就会实时平移。按 Esc 键或回车键退出该命令。

(2)当光标位于绘图区时,按下鼠标滚轮(中轮),此时鼠标指针形状变为🖑,按住鼠标滚轮拖动鼠标,视图的显示区域就会实时平移。松开鼠标滚轮,可以直接退出该命令。

(3)在命令行中输入命令 PAN,并按 Enter 键。同样,此时鼠标指针形状变为🖑,按住鼠标左键拖动鼠标,可实现视图的实时平移。按 Esc 键或回车键可退出该命令。

任务 6
辅 助 绘 图

1.6.1　选择物体的方法

(1)直接单击。

(2)正选:又叫框选,从左上角向右下角拖动(全部包含其中)。

(3)反选:从右下角向左上角拖动(碰触到物体的一部分就行)。

1.6.2　图形单位设置

在 AutoCAD 中默认的单位是 mm,若要对默认的单位进行修改,可在"格式"菜单下单击"单位"命令,打开"图形单位"对话框,如图 1-17 所示。

1.6.3　状态行

捕捉 F9 和栅格 F7:必须配合使用。捕捉用于确定鼠标指针每次在 X、Y 方向移动的距离。栅格仅用于辅助定位,打开时屏幕上将布满栅格小点。

注意:右击捕捉或栅格按钮,单击设置,弹出"草图设置"对话框,在"捕捉和栅格"选项卡中可以设置捕捉间距和栅格间距,如图 1-18 所示。

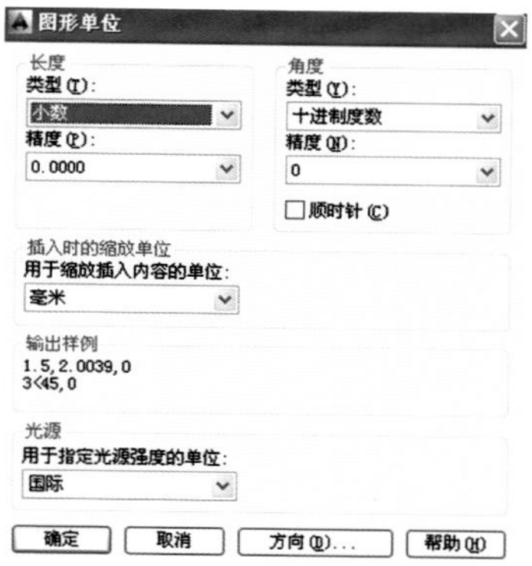

图 1-17

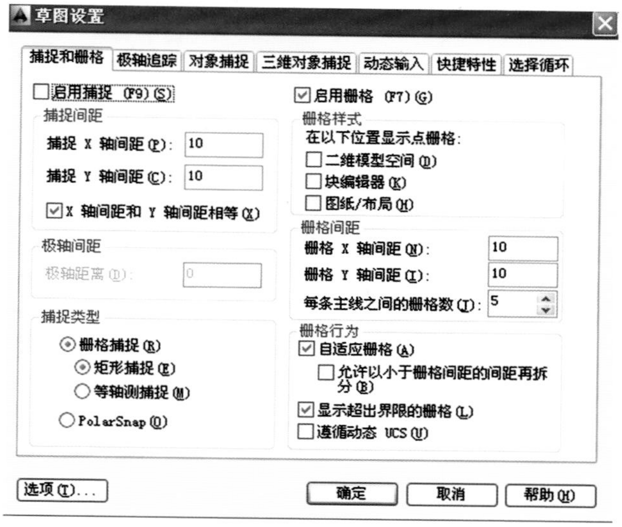

图 1-18

正交 F8:用于控制绘制直线的种类,打开此命令只可以绘制垂直和水平直线。

极轴 F10:可以捕捉并显示直线的角度和长度,有利于做一些有角度的直线。右击极轴,单击设置,弹出"草图设置"对话框,在"极轴追踪"选项卡中增量角可以根据需要而定,勾选"附加角"可新建第二个捕捉角度,如图 1-19 所示。

对象捕捉 F3:在绘制图形时可随时捕捉已绘图形上的关键点。右击对象捕捉,单击设置,弹出"草图设置"对话框,在"对象捕捉"选项卡中勾选捕捉点的类型,如图 1-20 所示。

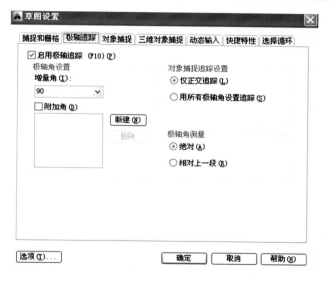

图 1-19

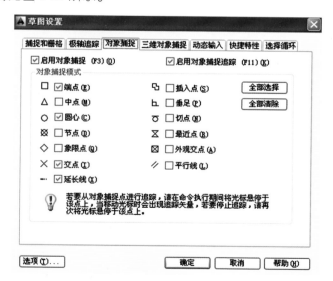

图 1-20

对象追踪 F11:配合对象捕捉使用,在鼠标指针下方显示捕捉点的提示(长度、角度)。

线宽:线宽显示之间的切换。

模型:在模型空间与图纸空间之间进行切换。

Jianzhu AutoCAD Xiangmuhua Jiaocheng

项目二
平面艺术图的绘制

任务 1
绘制五角星

目标:通过五角星的绘制,掌握 AutoCAD 中的点、直线、圆等绘图命令,掌握对象修剪、旋转等编辑命令,掌握对象捕捉、点样式的设置方法与操作。

2.1.1 知识点讲解

1. 直线命令(LINE)

调用方法:
- 命令行:输入快捷命令 L。
- 菜单栏:在菜单栏中选择【绘图】|【直线】命令。
- 工具栏:单击绘图工具栏中的直线按钮 ✐。

主要操作步骤:
(1)从命令行内输入直线命令的快捷键 L,按 Enter 键确定;
(2)在命令行中指定第一点的坐标;
(3)在命令行中指定下一点的坐标,直至图形绘制完毕,按 Enter 键确认结束直线命令。

注:放弃时输入 U 后回车,取消最近的一点的绘制;取消命令方法为按 Esc 键或单击鼠标右键;三点或三点以上如想让第一点和最后一点闭合并结束直线的绘制时,可在命令行中输入 C 后回车。

案例:绘制图 2-1 所示的图形。

绘图步骤:
(1)在命令行中输入绘制直线命令 L,用鼠标在绘图区左下角通过单击鼠标左键绘制 A 点;
(2)在命令行输入@100,0,绘制 B 点;
(3)在命令行输入@50,50,绘制 C 点;
(4)在命令行输入@−50,50,绘制 D 点;
(5)在命令行输入@−40,0,绘制 E 点;
(6)在命令行输入@0,−50,绘制 F 点;
(7)在命令行输入@−20,0,绘制 G 点;
(8)在命令行输入@0,50,绘制 H 点;
(9)在命令行输入@−20,−50,绘制 I 点;
(10)在命令行输入@0,50,绘制 J 点;
(11)在命令行输入@−20,0,绘制 K 点;
(12)在命令行输入 C,闭合图形,绘制完成。

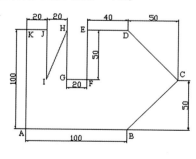

图 2-1

2. 圆命令(CIRCLE)

调用方法:
- 命令行:输入快捷命令 C。

- 菜单栏:在菜单栏中选择【绘图】|【圆】命令。
- 工具栏:单击绘图工具栏中的圆按钮⊘。

主要操作步骤:

(1)确定圆心,通过捕捉或者设置坐标方式确定。

(2)确定圆的大小,通过直接设置半径或直径的方式,或者通过相切等约束条件确定。

在命令行输入 C 后,鼠标左键单击绘图区屏幕上一个点,拖拽鼠标绘制一个圆,如图 2-2 所示。

绘制圆的几种形式:

(1)通过指定圆心和半径或直径绘制圆的步骤:在命令行中输入 C,指定圆心,指定半径或直径。

(2)创建与两个对象相切的圆的步骤:选择 AutoCAD 中"切点"对象捕捉模式,在命令行中输入 C,单击 T,选择与要绘制的圆相切的第一个对象,选择与要绘制的圆相切的第二个对象,指定圆的半径。

(3)三点(3P):通过单击第一点、第二点、第三点确定一个圆。

(4)相切、相切、相切(A):相切三个对象可以画一个圆。

(5)二点(2P):两点确定一个圆。

在"绘图"菜单中提供了 6 种画圆方法,如图 2-3 所示。

图 2-2

3. 点命令

点在 AutoCAD 2014 中有多种不同的表示方式,用户可以根据绘制图形的需要进行设置,也可以设置等分点和测量点。

1)设置点的样式

点在图形中的表示样式共有 20 种。可通过 DDPTYPE 命令或选择菜单栏中的【格式】|【点样式】命令,打开【点样式】对话框进行设置,如图 2-4 所示。

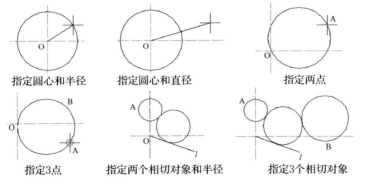

| 指定圆心和半径 | 指定圆心和直径 | 指定两点 |
| 指定3点 | 指定两个相切对象和半径 | 指定3个相切对象 |

图 2-3　　　　　　　　　　　　　　　　　图 2-4

2)绘制点(POINT)

调用方法:

- 命令行:输入 POINT 或 PO。
- 菜单栏:在菜单栏中选择【绘图】|【点】命令。
- 工具栏:在绘图工具栏中单击【点】按钮·。

3)绘制等分点(DIVIDE)

调用方法:

- 命令行:输入 DIVIDE 或 DIV。

● 菜单栏:在菜单栏中选择【绘图】|【点】|【定数等分】命令。

4. 图案填充命令(HATCH)

调用方法:
● 命令行:输入 H。
● 菜单栏:在菜单栏中选择【绘图】|【图案填充】命令。
● 选项卡:切换到【默认】选项卡,在【绘图】面板中,单击【图案填充】按钮。
● 工具栏:在绘图工具栏中,单击【图案填充】按钮。

主要操作步骤:

(1)通过上面 4 种方式,调用图案填充命令,弹出【图案填充和渐变色】对话框,如图 2-5 所示。

(2)在【类型】下拉列表框中设置图案填充的类型。

(3)在【图案】下拉列表框中选择一种填充图案,也可以单击其右侧的按钮,然后在弹出的【填充图案选项板】对话框中选择所需的填充图案,如图 2-6 所示。

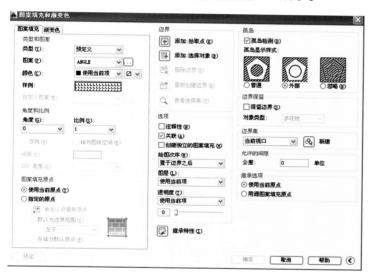

图 2-5

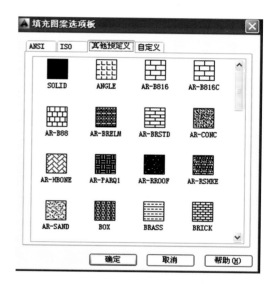

图 2-6

(4)在【角度】下拉列表框中设置填充图案的倾斜角度,然后在【比例】下拉列表框中设置图的放大比例。

(5)选中【使用当前原点】单选按钮,使用默认的原点设置。如果选中【指定的原点】单选按钮,则须单击【单击以设置新原点】按钮,返回绘图区直接指定新的图案填充原点。如果选中【默认为边界范围】复选框,可以根据图案填充对象边界的矩形范围计算新原点;如果选中【存储为默认原点】复选框,则可以将设置的原点存为默认原点。

(6)单击【添加:拾取点】按钮,对话框将暂时关闭,系统将会提示拾取一个点,用户可在填充的区域内任意拾取一点,系统会自动确定包围该点的封闭填充边界,并且高亮度显示,如图 2-7 所示。

(7)单击【添加:选择对象】按钮,对话框将暂时关闭,系统将会提示选择对象,用户选择对象后,被选择对象的边界会以高亮度显示,如图 2-8 所示。

(8)单击【删除边界】按钮,从边界定义中删除之前添加的任何对象,如图 2-9 所示。

(9)选中【孤岛检测】复选框,设置是否把在内部边界中的对象包括为边界对象,使这些内部对象成为孤岛。

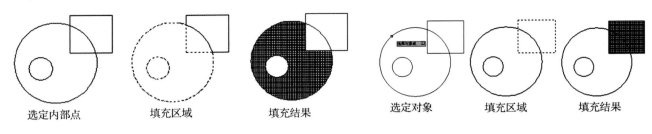

选定内部点　　　　　　填充区域　　　　　　填充结果　　　　　选定对象　　　　　填充区域　　　　填充结果

图 2-7　　　　　　　　　　　　　　　　　　　图 2-8

（10）在【孤岛显示样式】选项组中，如果选中【普通】单选按钮，则从外部边界向内填充，第一层填充、第二层不填充、第三次填充；如果选中【外部】单选按钮，则只填充从最外层边界到内部第一层边界之间的区域；如果选中【忽略】单选按钮，则会忽略内部对象，最外层边界内部将全被填充。

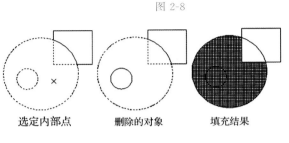

选定内部点　　　　　删除的对象　　　　　填充结果

图 2-9

（11）如果选中【保留边界】复选框，则根据临时图案填充边界创建边界对象，并将它们添加到图形中，然后在【对象类型】下拉列表框中控制新边界对象的类型。

（12）在【边界集】下拉列表框中，选择从指定点定义边界时要分析的对象集。

（13）在【公差】文本框中设置将对象用作图案填充边界时可以忽略的最大间隙。默认值为 0，指定对象必须具有封闭区域而没有间隙。

（14）单击【预览】按钮，返回绘图区，可以预览填充效果，然后按 Esc 键，返回【图案填充和渐变色】对话框。

（15）单击【确定】按钮，完成操作。

5. 渐变填充命令

渐变填充是在一种颜色的不同灰度之间或两种颜色之间使用过渡。渐变填充提供光源反射到对象上的外观，可用于增强演示图形。

在 AutoCAD 中，创建渐变填充也是通过【图案填充和渐变色】对话框来实现的。用户可参考上面的打开方式打开【图案填充和渐变色】对话框，在该对话框中单击【渐变色】标签，打开图 2-10 所示的【渐变色】选项卡。

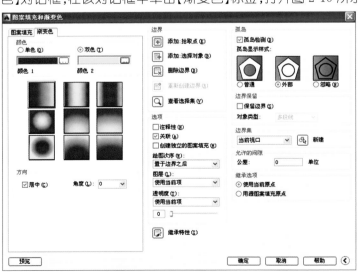

图 2-10

6. 修剪命令(TRIM)

调用方法:

● 命令行:输入快捷命令 TR。
● 菜单栏:在菜单栏中选择【修改】|【修剪】命令。
● 工具栏:单击修改工具栏中的修剪按钮￩。

主要操作步骤:

(1)选择作为剪切边界的对象后按空格或 Enter 键确认;如要选择图形中的所有对象作为可能的剪切边界,直接按回车键确定即可。

(2)选择要修剪的对象,按空格或 Enter 键确认。

7. 旋转命令(ROTATE)

调用方法:

● 命令行:输入快捷命令 RO。
● 菜单栏:在菜单栏中选择【修改】|【旋转】命令。
● 工具栏:单击修改工具栏中的修剪按钮○。

主要操作步骤:

(1)选择要旋转的对象;
(2)指定旋转基点;
(3)输入旋转角度,确定。

2.1.2　五角星的绘制

(1)在命令行中输入 C 命令,在屏幕上拾取一个点作为圆心,设置半径为 200 画圆,如图 2-11 所示。

(2)在命令行中输入 DDPTYPE 命令,设置点样式,如图 2-12 所示。

(3)在命令行中输入 DIV 命令,拾取刚绘制的圆,数量设置成 5,把圆五等分,如图 2-13 所示。

(4)按住 Shift＋右键设置对象捕捉,勾选节点、端点、交点,如图 2-14 所示。

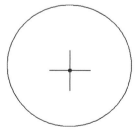
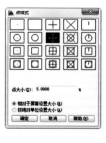
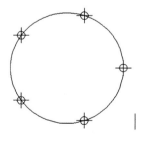

图 2-11　　　　　　图 2-12　　　　　　图 2-13　　　　　　图 2-14

(5)在命令行中输入 L 命令绘制直线,连接成图 2-15 所示的形状。

(6)在命令行中输入 TR 命令,执行修剪命令,修剪多余的线段,如图 2-16 所示。

(7)在命令行中输入 RO 命令,打开正交,不输入旋转角度,直接捕捉旋转对象旋转到图 2-17 所示的效果。

(8)删除圆、等分点等对象,形成图 2-18 所示的图形。

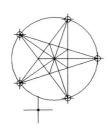
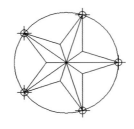
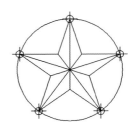

图 2-15　　　　　　　图 2-16　　　　　　　图 2-17

(9)在命令行中输入 H 命令,进行图案填充,采用实体填充,颜色选择红色,如图 2-19 所示。

(10)单击添加拾取点,选择填充区域,形成最终结果,如图 2-20 所示。

图 2-18　　　　　　　　　图 2-19　　　　　　　　　图 2-20

任务 2
绘制多边形装饰图案

目标:通过标准国旗的绘制,掌握 AutoCAD 中矩形、多边形、渐变色填充等绘图命令,掌握复制、移动、比例缩放等编辑命令。

2.2.1　知识点讲解

1. 矩形命令(RECTANGLE)

调用方法:

● 命令行:输入 RECTANG 或快捷命令 REC。

● 菜单栏:在菜单栏中选择【绘图】|【矩形】命令。

● 工具栏:在绘图工具栏中单击矩形按钮 ▭。

执行上述操作之后,AutoCAD 会提示如下。

指定第一个角点或[倒角(C)/标高(E)/圆角(F)/厚度(T)/宽度(W)]:(指定角点)

指定另一个角点或[面积(A)/尺寸(D)/旋转(R)]:

提示中各选项含义如下。

(1)第一个角点:通过指定两个角点确定矩形,如图 2-21 所示。

(2)倒角(C):指定倒角距离,绘制带倒角的矩形,如图 2-22 所示。每一个角点的逆时针和顺时针方向的倒角可以相同,也可以不同,其中第一个倒角距离是指角点逆时针方向倒角距离,第二个倒角距离是指角点顺时针方向倒角距离。

　　(3)标高(E):指定矩形标高(Z坐标),即把矩形放置在标高为Z且与XOY坐标面平行的平面上,并作为后续矩形的标高值。

　　(4)圆角(F):指定圆角半径,绘制带圆角的矩形,如图2-23所示。

　　(5)厚度(T):指定矩形的厚度,如图2-24所示。

　　(6)宽度(W):指定线宽,如图2-25所示。

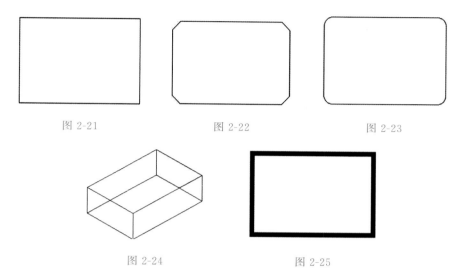

　　　　图2-21　　　　　　　　　图2-22　　　　　　　　　图2-23

　　　　　图2-24　　　　　　　　　图2-25

　　(7)尺寸(D):使用长和宽创建矩形。第二个指定点将矩形定位在与第一个角点相关的4个位置之内。

　　(8)面积(A):指定面积和长或宽创建矩形。选择该项,AutoCAD会提示如下。

> 输入以当前单位计算的矩形面积< 20.0000> :(输入面积值)
> 计算矩形标注时依据[长度(L)/宽度(W)]< 长度> :(按 Enter 键或输入"W")
> 输入矩形长度< 4.0000> :(指定长度或宽度)

　　指定长度或宽度后,系统自动计算另一个维度后绘制出矩形,如图2-26所示。

　　(9)旋转(R):指定旋转绘制的矩形的角度。选择该项,AutoCAD会提示如下。

> 指定旋转角度或[拾取点(P)]< 135> :(指定角度)
> 指定另一个角点或[面积(A)/尺寸(D)/旋转(R)]:(指定另一个角点或选择其他选项)

　　指定旋转角度后,系统按指定角度创建矩形,如图2-27所示。

倒角距离(1,1)　　　　圆角半径:1.0
面积:20　　　　　　　面积:20
长度:6　　　　　　　　宽度:6

　　　　图2-26　　　　　　　　　　图2-27

2. 删除命令(ERASE)

调用方法:

- 命令行:输入 E,按空格,然后选择对象,按空格确认,方法常用。
- 菜单栏:在菜单栏中选择【修改】|【删除】命令。

- 工具栏:从修改工具栏中选择删除工具 ✍,选择物体确定即可删除物体。
- 选中物体之后,按键盘上的 Delete 键也可将物体删除。

3. 复制命令(COPY)

调用方法:

- 命令行:输入 CO,方法常用。
- 菜单栏:在菜单栏中选择【修改】|【复制】命令。
- 工具栏:从修改工具栏中选择复制按钮 ❀。

主要操作步骤:

(1)选择要复制的对象;

(2)指定基点;

(3)确定复制的位置,通过输入点坐标或者在正交模式下输入距离确定。

多次复制对象的步骤:

(1)从命令栏中输入复制命令;

(2)选择要复制的对象;

(3)输入 M(多个);

(4)指定基点和指定位移的第二点;

(5)指定下一个位移点,继续插入,或确定结束命令。

4. 移动命令(MOVE)

调用方法:

- 命令行:输入 M,方法常用。
- 菜单栏:在菜单栏中选择【修改】|【移动】命令。
- 工具栏:从修改工具栏中选择移动工具 ✛。

主要操作步骤:

(1)选择要移动的对象;

(2)指定移动基点;

(3)确定移动的位置,可以通过捕捉或者输入坐标的方式指定第二点,也可以在正交模式下直接输入数值确定。

5. 绘制正多边形(POLYGON)

调用方法:

- 命令行:输入 POLYGON 或快捷命令 POL。
- 菜单栏:在菜单栏中选择【绘图】|【正多边形】命令。
- 工具栏:在绘图工具栏中单击正多边形按钮 ⬡。

例 使用【正多边形】命令绘制图 2-28 所示的内接于半径为 350 的圆的正五边形。

主要操作步骤:

(1)在命令行输入圆绘制命令 C,绘制一个半径为 350 的圆,在绘图工具栏中单击正多边形按钮 ⬡,命令行会提示"输入边的数目<4>",如图 2-29 所示。

(2)在命令行中输入 5 并回车,此时命令行会提示"指定正多边形的中心点或[边(E)]",选中圆心,此时命令行会提示"输入选项[内接于圆(I)/外切于圆(C)]<I>",如图 2-30 所示。

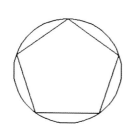

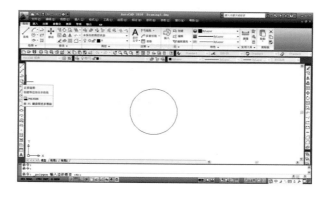

图 2-28   图 2-29

（3）在命令行中输入 I 并回车，此时命令行会提示"指定圆的半径"，如图 2-31 所示。

（4）在命令行中输入 350 并回车，结束绘制正多边形，结果如图 2-28 所示。

提示：① 外切于圆（C）：选择该选项，可以绘制外切于圆的正多边形，如图 2-32 所示。② 边（E）：选择该选项，则只要指定多边形的一条边，系统就会按逆时针方向创建正多边形，如图 2-33 所示。

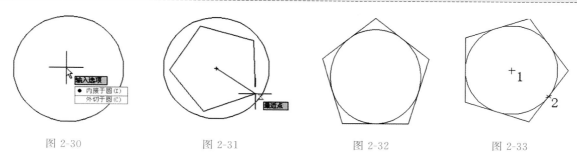

图 2-30   图 2-31   图 2-32   图 2-33

6. 缩放（SCALE）

调用方法：

● 命令行：输入 SC，方法常用。

● 菜单栏：在菜单栏中选择【修改】|【缩放】命令。

● 工具栏：从修改工具栏中选择缩放按钮。

主要操作步骤：

（1）选择需要缩放的对象，按空格或者 Enter 键确认；

（2）指定基点；

（3）指定比例因子。

2.2.2 多边形装饰图案的绘制

（1）在命令行中输入 REC 命令，采用相对对角点输入方式，在指定另一个角点时输入@300,200，如图 2-34 所示。绘制一个 300×200 的长方形，效果如图 2-35 所示。

（2）按住 Shift＋右键，弹出"草图设置"对话框，单击"对象捕捉"选项卡，选择中点等，如图 2-36 所示。

（3）在命令行中输入直线绘制命令 L，捕捉中点，绘制矩形过中点的十字线，如图 2-37 所示。

（4）在命令行中输入圆绘制命令 C，以矩形中心为圆心绘制一个半径为 50 的圆，如图 2-38 所示。

（5）按空格键，重复上一个操作，绘制一个半径为 60 的同心圆，如图 2-39 所示。

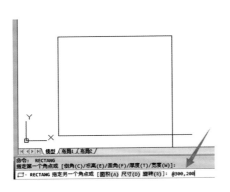

图 2-34

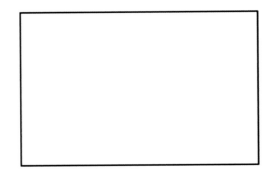

图 2-35

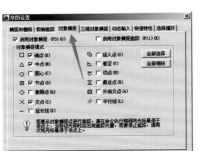

图 2-36

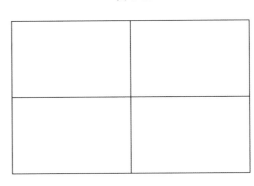

图 2-37

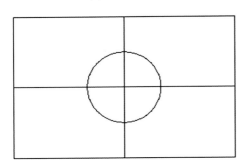

图 2-38

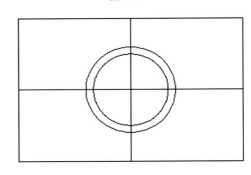

图 2-39

（6）在命令行中输入多边形绘制命令 POL，绘制一个正六边形，绘制方式为内接于圆（见图 2-40），采用捕捉方式设置半径，如图 2-41 所示。

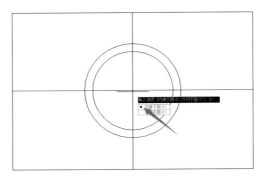

图 2-40

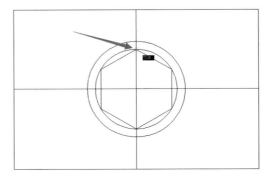

图 2-41

（7）在命令行中输入图案填充命令 H,弹出"图案填充和渐变色"对话框,单击"渐变色"选项卡,设置图 2-42 所示的颜色。

（8）单击添加拾取点,选择填充区域,如图 2-43 所示。

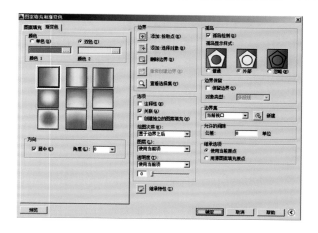

图 2-42

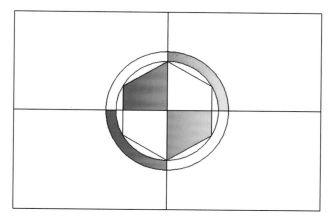

图 2-43

（9）在命令行中输入复制命令 CO,复制一个图 2-43 所示的图案,如图 2-44 所示。

（10）在命令行中输入旋转命令 RO,基点设置为圆心,设置旋转角度为 90 度,图 2-45 所示。

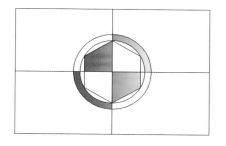 

图 2-44

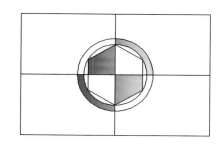 

图 2-45

（11）在命令行中输入缩放命令 SC,设置圆心为基点,比例因子设置为 0.6,如图 2-46 所示。

（12）绘制辅助线,在命令行中输入直线绘制命令 L,捕捉矩形左上角顶点,指定下一点时输入@50,-50,如图 2-47 所示。

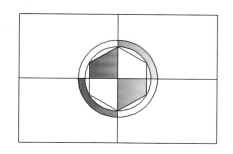

图 2-46

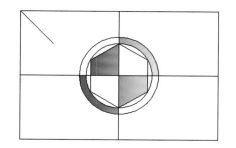

图 2-47

（13）重复直线绘制命令,分别绘制另外三条辅助线,相对坐标分别为@-50,50、@-50,50、@50,50,如图 2-48 所示。

（14）在命令行中输入复制命令 CO,设置圆心为基点,复制右边的图案到指定位置,如图 2-49 所示。

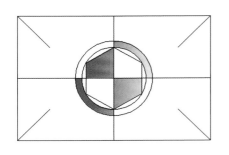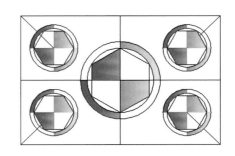

图 2-48   图 2-49

(15)选择辅助线、矩形、右边图案,按 E 键,按空格键,删除辅助线和右边图案,如图 2-50 所示。

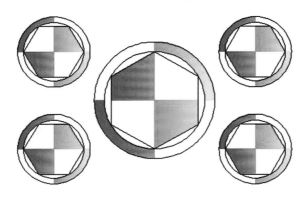

图 2-50

任务 3
绘制道路指示标志

目标:通过道路指示标志的绘制,掌握 AutoCAD 中多行文字与单行文字的绘图方法,掌握倒角、偏移、打断、延伸、镜像等编辑命令,掌握文本样式的创建与应用。

2.3.1   知识点讲解

1. 倒角(CHAMFER)

含义:按用户选择对象的次序应用指定的距离和角度。

调用方法:

● 命令行:输入 CHA,方法常用。

● 菜单栏:在菜单栏中选择【修改】|【倒角】命令。

● 工具栏:从修改工具栏中选择倒角工具 。

主要操作步骤：

首先设置倒角尺寸；按照设置尺寸时的顺序选择倒角边。

提示信息解释：

选择第一条直线或[放弃(U)/多段线(P)/距离(D)/角度(A)/修剪(T)/多个(U)]

各选项含义：

(1)"多段线(P)"：可以以当前设置的倒角大小对多段线的各顶点(交角)修倒角。

(2)"距离(D)"：设置倒角距离尺寸。

(3)"角度(A)"：可以根据第一个倒角距离和角度来设置倒角尺寸。

(4)"修剪(T)"：设置倒角后是否保留原拐角边。

(5)"多个(U)"：可以对多个对象绘制倒角。

注意：倒角时，倒角距离或倒角角度不能太大，否则无效。当两个倒角距离均为0时，此命令将延伸两条直线使之相交，不产生倒角，此外，如果两条直线平行、发散等，则不能修倒角。

例如，对图2-51所示的轴平面图修倒角后，结果如图2-52所示。

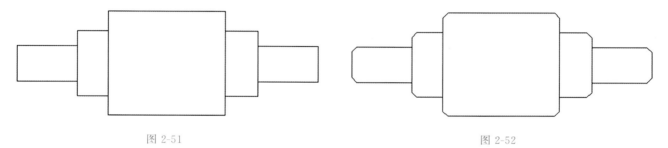

图2-51　　　　　　　　　　　　　　图2-52

2. 偏移命令(OFFSET)

含义：偏移OFFSET的快捷命令为O，指定距离或通过一个点偏移对象。

调用方法：

● 命令行：输入O，方法常用。

● 菜单栏：在菜单栏中选择【修改】|【偏移】命令。

● 工具栏：从修改工具栏中选择偏移工具。

主要操作步骤：

(1)设置偏移的距离；

(2)选择需要偏移的对象；

(3)指定偏移方向，以复制出对象。

3. 打断命令(BREAK)

含义：在两点之间打断选定对象。

调用方法：

● 命令行：输入BR，方法常用。

● 菜单栏：在菜单栏中选择【修改】|【打断】命令。

● 工具栏：从修改工具栏中选择打断工具。

主要操作步骤：

(1)选择对象,鼠标单击对象的位置默认为第一个打断点;

(2)提示:指定第二个打断点或[第一个点 F]:单击或者捕捉对象上的点作为第二个点,则两点之间被打断。如果输入 F,则表示重新选择第一个打断点,再确定第二个打断点,完成操作。

> **注意:** 程序将按逆时针方向删除圆上第一个打断点到第二个打断点之间的部分,从而将圆转换成圆弧,如图 2-53 所示。

4. 延伸(EXTEND)

含义: 扩展对象以与其他对象的边相接。

调用方法:

● 命令行:输入 EX,方法常用。

● 菜单栏:在菜单栏中选择【修改】|【延伸】命令。

● 工具栏:从修改工具栏中选择延伸工具 --/。

图 2-53

主要操作步骤:

(1)EXTEND 或 <全部选择>:表示要确定延伸的边界,选择对象后按空格或者 Enter 键确认;直接按空格表示全部选择,所有对象都作为边界。

(2)选择对象要延伸对象,按 Enter 键。

5. 镜像(MIRROR)

含义: 创建选定对象的镜像副本。

调用方法:

● 命令行:输入 MI,方法常用。

● 菜单栏:在菜单栏中选择【修改】|【延伸】命令。

● 工具栏:从修改工具栏中选择镜像工具 ⚏。

主要操作步骤:

(1)选择要镜像的对象,按 Enter 回车确认;

(2)选择镜像线,按 Enter 回车确认。

6. 多行文字(MTEXT)

含义: 创建多行文字对象。

调用方法:

● 命令行:输入快捷命令 MT 或者 T,方法常用。

● 菜单栏:在菜单栏中选择【绘图】|【文字】|【多行文字】命令。

● 工具栏:从绘图工具栏中选择文字工具 A。

主要操作步骤:

(1)通过对角点设置文字输入区域;定义文字样式、字体、高度;定义文字在所设定区域位置。

(2)输入文字时,要用鼠标左键画出文字所在的范围。在其对话框中可以设置字体、颜色等。

> **注意:** 修改文字的快捷键为 ED,或双击也可以对它进行修改,当文字出现？时,说明字体不对或者没有字体名。通过格式→文字样式→字体名,选择正确的字体,有@的不可用。

文字控制符如表 2-1 所示。

表 2-1　文字控制符

控　制　符	功　　能
%%O	打开或关闭文字上划线
%%U	打开或关闭文字下划线
%%D	标注度(°)符号
%%P	标注正负公差(±)符号
%%C	标注直径(φ)符号

7. 单行文字(DTEXT)

含义：创建单行文字对象单行文字和多行文字的区别在于编辑时多行文字是一个整体，单行文字每一行都是独立的对象。

调用方法：
- 命令行：输入快捷命令 DT，方法常用。
- 菜单栏：在菜单栏中选择【绘图】|【文字】|【单行文字】命令。

主要操作步骤：

设置文字的起点；定义文字高度；定义文字旋转角度；输入文字。

2.3.2　道路指示标志的绘制

(1)在命令行中输入命令 REC 绘制矩形，单击屏幕上一个点作为矩形的第一个角点，用相对坐标绘制@1000,300，确定矩形大小，如图 2-54 所示。

(2)在命令行中输入 CHA，执行倒角命令，倒角距离设置为 150，如图 2-55 所示。

(3)在命令行中输入偏移命令 O，距离分别设置为 20 和 40，执行两次偏移命令，如图 2-56 所示。

图 2-54　　　　　　　　　　图 2-55　　　　　　　　　　图 2-56

(4)在命令行中输入打断命令 BR，在提示指定第二个打断点或[第一个点 F]时输入 F，选择第一个打断点，如图 2-57 所示。

(5)指定第二个打断点，如图 2-58 所示。

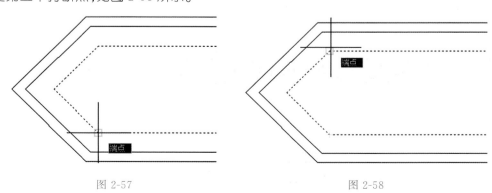

图 2-57　　　　　　　　　　　　　　　　图 2-58

(6)得到打断结果,如图 2-59 所示。

(7)在命令行中输入 EX 命令,执行延伸操作,如图 2-60 所示。

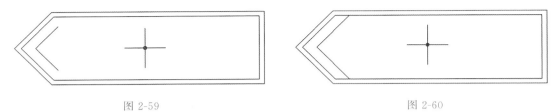

图 2-59　　　　　　　　　　　　　　　　　　　图 2-60

(8)在命令行中输入 TR 命令,执行修剪操作,如图 2-61 所示。

(9)在命令行中输入 REC 命令,绘制矩形,通过相对坐标@26,26 确定尺寸,如图 2-62 所示。

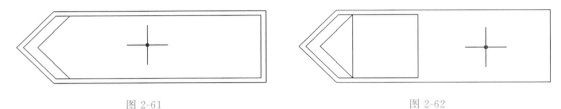

图 2-61　　　　　　　　　　　　　　　　　　　图 2-62

(10)在命令行中输入 PL 命令,绘制多段线,宽度设置为 20,直线长 240,如图 2-63 所示。

(11)在命令行中输入 DDPTYPE,设置点样式,如图 2-64 所示。

(12)在命令行中输入 DIV,对多段线进行三等分,如图 2-65 所示。

(13) 在命令行中输入 PL 多段线,宽度设置起点为 40,终点为 10,直线长适合,角度适合,从上向下三分之一点处开始画,采用节点捕捉,如图 2-66 所示。

(14)重复上面操作宽度设置起点为 20,终点为 10,直线长适合,角度适合,从上直线下端点处开始画,采用节点或端点捕捉,如图 2-67 所示。

(15)在命令行中输入 MI,执行镜像命令,如图 2-68 所示。

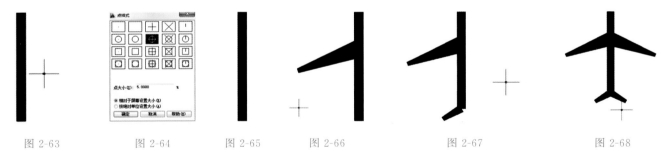

图 2-63　　　　　图 2-64　　　　　图 2-65　　　　　图 2-66　　　　　图 2-67　　　　　图 2-68

(16)在命令行中输入 RO,执行旋转操作,绕中点旋转 45 度,如图 2-69 所示。

(17)输入 M 移动到图示矩形框中间,如图 2-70 所示。

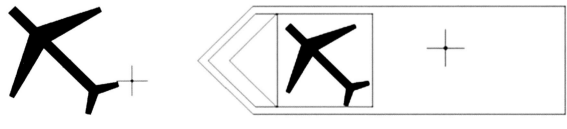

图 2-69　　　　　　　　　　　　　　　　　　　图 2-70

(18)在命令行中输入 H,执行图案填充,图案:SOLID,颜色:蓝色,如图 2-71 所示。

(19)在命令行中输入 T,执行多行文字,黑体、字高 100、黄色、正中设置,如图 2-72 所示。

图 2-71

图 2-72

任务 4
绘制太极图

目标:掌握圆弧命令的功能与操作。

2.4.1　知识点讲解

1. 绘制圆弧(ARC)

调用方法:

● 命令行:输入快捷命令 A。

● 菜单栏:在菜单栏中选择【绘图】|【圆弧】命令。

● 工具栏:在绘图工具栏中单击圆弧按钮 。

例　使用【圆弧】命令绘制图 2-73 所示的通过任意三点的圆弧。

(1)在菜单栏中选择【绘图】|【圆弧】|【三点】命令,此时命令行会提示"指定圆弧的起点或[圆心(C)]",绘图区的提示如图 2-74 所示。

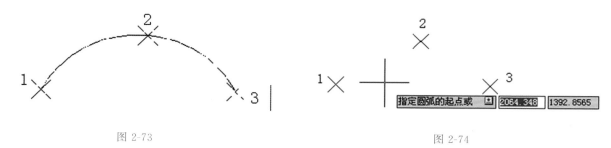

图 2-73

图 2-74

(2)用鼠标选中点 1,此时命令行提示"指定圆弧的第二个点或[圆心(C)/端点(E)]",绘图区的提示如图 2-75 所示。

(3)用鼠标选中点 2,此时命令行会提示"指定圆弧的端点",绘图区的提示如图 2-76 所示。

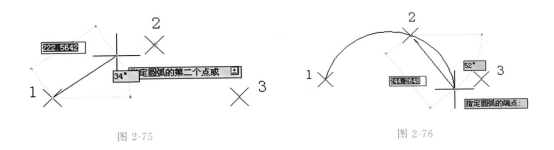

图 2-75　　　　　　　　　　　　　图 2-76

提示: 用命令行方式绘制圆弧时,可以根据系统提示选择不同的选项,具体功能和利用【绘图】主菜单中的【圆弧】子菜单提供的 11 种方式相似。这 11 种方式绘制的圆弧如图 2-77 所示。

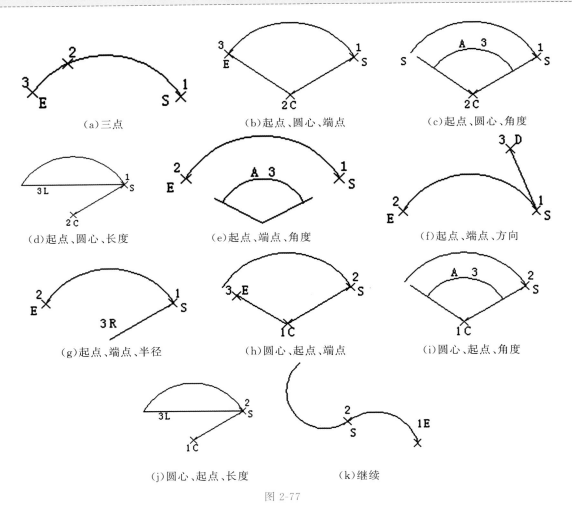

(a)三点　　　　　　　(b)起点、圆心、端点　　　　　　(c)起点、圆心、角度

(d)起点、圆心、长度　　　(e)起点、端点、角度　　　　(f)起点、端点、方向

(g)起点、端点、半径　　　(h)圆心、起点、端点　　　　(i)圆心、起点、角度

(j)圆心、起点、长度　　　　　(k)继续

图 2-77

2. 绘制圆环(DONUT)

调用方法:

● 命令行:输入快捷命令 DO。

● 菜单栏:在菜单栏中选择【绘图】|【圆环】命令。

例　使用【圆环】命令绘制图 2-78 所示的内径为 50、外径为 100 的圆环。

(1)在菜单栏中选择【绘图】|【圆环】命令,此时命令行会提示"指定圆环的内径<默认值>"。

（2）在命令行中输入内径值 50 并回车，此时命令行会提示"指定圆环的外径<默认值>"，在命令行中输入外径值 100 并回车。

（3）此时命令行会提示"指定圆环的中心点或<退出>"，在命令行中输入中心点坐标并回车，或者用鼠标在绘图区选取一点。

（4）此时命令行会继续提示"指定圆环的中心点或<退出>"，直接回车结束绘制圆环（如果重复步骤（3）可继续绘制多个圆环），绘制的圆环如图 2-78 所示。

提示：若指定内径为零，则画出实心填充圆，如图 2-79（a）所示。

使用命令 FILL 可以控制圆环是否填充，具体方法如下。

命令：FILL
输入模式[开(ON)/关(OFF)]< 开> :（如图 2-79(b)所示，选择"开"表示填充，选择"关"表示不填充）

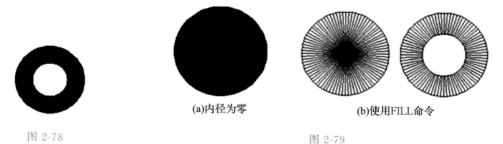

(a)内径为零　　　　　　　(b)使用FILL命令

图 2-78　　　　　　　　　　　　　　　图 2-79

3. 绘制椭圆(ELLIPSE)

调用方法：

- 命令行：输入快捷命令 EL。
- 菜单栏：在菜单栏中选择【绘图】|【椭圆】命令。
- 工具栏：在绘图工具栏中单击椭圆按钮 ⊙。

操作步骤：

执行上述操作之后，AutoCAD 会提示如下。

（1）指定椭圆的轴端点或[中心点(C)]：（指定轴端点 1，如图 2-80(a)所示）

（2）指定轴的另一个端点：（指定轴端点 2，如图 2-80(a)所示）

（3）指定另一条半轴长度或[旋转(R)]：（指定另一条半轴长度或者输入 R）

4. 绘制椭圆弧(ELLIPSE)

调用方法：

- 命令行：输入快捷命令 EL。
- 菜单栏：在菜单栏中选择【绘图】|【椭圆】|【圆弧】命令。
- 工具栏：在绘图工具栏中单击椭圆弧按钮 ⊙。

操作步骤：

执行上述操作之后，AutoCAD 会提示如下。

（1）指定椭圆弧的轴端点或(中心点(C))：（指定端点或输入 C）

（2）指定轴的另一个端点：（指定另一端点）

（3）指定另一条半轴长度或[旋转(R)]：（指定另一条半轴长度或输入 R）

（4）指定起始角度或[参数(P)]：（指定起始角度或输入 P）

（5）指定终止角度或[参数(P)/包含角度(I)]：

提示中各选项含义：

（1）圆弧（A）：用于创建一段椭圆弧，与单击绘图工具栏中的椭圆弧按钮实现的功能相同。其中第一条轴的角度确定了椭圆弧的角度。第一条轴既可定义椭圆弧长轴，也可定义其短轴。

（2）中心点（C）：通过指定的中心点创建椭圆。

（3）旋转（R）：通过绕第一条轴旋转圆来创建椭圆。这相当于将一个圆绕椭圆轴翻转一个角度后的投影视图。

（4）起始角度：指定椭圆弧端点的两种方式之一，光标与椭圆中心点连线的夹角为椭圆端点位置的角度，如图 2-80(b)所示。

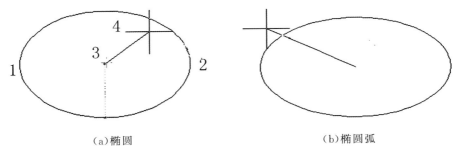

（a）椭圆　　　　　　　　　　　　　　　（b）椭圆弧

图 2-80

（5）参数（P）：指定椭圆弧端点的另一种方式，该方式同样是指定椭圆弧端点的角度，但通过以下矢量参数方程式创建椭圆弧。

$$p(u) = c + a\cos u + b\sin u$$

其中，c 是椭圆的中心点，a 和 b 分别是椭圆的长轴和短轴，u 为光标与椭圆中心点连线的夹角。

2.4.2　太极图的绘制

（1）在命令行中输入 C，画半径为 100 的圆，如图 2-81 所示。

（2）在命令行中输入 DDPTYPE，设置点样式，如图 2-82 所示。

（3）在命令行中输入 L，画水平直径线，如图 2-83 所示。

（4）在命令行中输入 DIV，执行等分命令，把直径四等分，如图 2-84 所示。

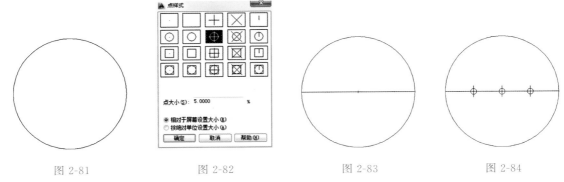

图 2-81　　　　　　　图 2-82　　　　　　　图 2-83　　　　　　　图 2-84

（5）在命令行中输入 C，取最左边节点，画半径为 50 的圆和半径为 10 的圆，如图 2-85 所示。

（6）在命令行中输入 C，取最右边节点，画半径为 50 的圆和半径为 10 的圆，如图 2-86 所示。

（7）在命令行中输入 TR，把不需要的线修剪，如图 2-87 所示。

（8）在命令行中输入 H，执行图案填充，拾取点，如果背景是黑色，颜色选取白色，如图 2-88 所示。

（9）以太极图命名，存盘退出。

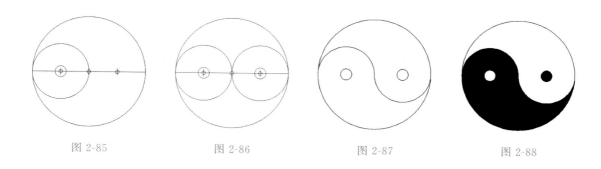

图 2-85　　　　　　图 2-86　　　　　　图 2-87　　　　　　图 2-88

任务 5
绘制积分转盘

目标:理解矩形、路径、环形三种阵列的含义,理解参数的意义并能够正确设置。

2.5.1　知识点讲解

阵列(ARRAY)有三种:矩形阵列、环形阵列、路径阵列。

含义:按照矩形、路径、环形方式复制对象副本。

调用方法:

● 命令行:输入快捷命令 AR。

● 菜单栏:单击【修改】|【阵列】|【矩形】或【路径】或【环形】命令。

● 工具栏:单击修改工具栏中的阵列按钮品。

1. 矩形阵列

命令行提示信息解释:

选择对象　选择要在阵列中使用的对象。

关联　指定阵列中的对象是关联的还是独立的。

　　　　是包含单个阵列对象中的阵列项目,类似于块。使用关联阵列,可以通过编辑特性和源对象在整个阵列中快速传递更改。

　　　　否指创建阵列项目作为独立对象。更改一个项目不影响其他项目。

基点　指定用于在阵列中放置项目的基点。

　　　　关键点　对于关联阵列,在源对象上指定有效的约束(或关键点)以与路径对齐。如果编辑生成的阵列的源对象或路径,阵列的基点保持与源对象的关键点重合。

计数　指定行数和列数并使用户在移动光标时可以动态观察结果(一种比"行和列"选项更快捷的方法)。

　　　　表达式基于数学公式或方程式导出值。

间距　指定行间距和列间距并使用户在移动光标时可以动态观察结果。

　　　　行间距　指定从每个对象的相同位置测量的每行之间的距离。

　　　　列间距　指定从每个对象的相同位置测量的每列之间的距离。

　　　　单位单元　通过设置等同于间距的矩形区域的每个角点来同时指定行间距和列间距。

列数　编辑列数和列间距。

　　　　列数　设置阵列中的列数。

　　　　列间距　指定从每个对象的相同位置测量的每列之间的距离。

　　　　全部　指定从开始和结束对象上的相同位置测量的起点和终点列之间的总距离。

行数　指定阵列中的行数、它们之间的距离以及行之间的增量标高。

　　　　行数　设置阵列中的行数。

　　　　行间距　指定从每个对象的相同位置测量的每行之间的距离。

　　　　全部　指定从开始和结束对象上的相同位置测量的起点和终点行之间的总距离。

增量标高　设置每个后续行的增大或减小的标高。

　　　　表达式基于数学公式或方程式导出值。

层　指定三维阵列的层数和层间距。

　　　　层数指定阵列中的层数。

　　　　层间距在 Z 坐标值中指定每个对象等效位置之间的差值。

　　　　全部在 Z 坐标值中指定第一个和最后一个层中对象等效位置之间的总差值。

　　　　表达式基于数学公式或方程式导出值。

2. 环形阵列

围绕中心点或旋转轴在环形阵列中均匀分布对象副本。

命令行提示信息解释:

选择对象　选择要在阵列中使用的对象。

圆心　指定分布阵列项目所围绕的点。旋转轴是当前 UCS 的 Z 轴。

基点　指定用于在阵列中放置对象的基点。

关键点　对于关联阵列,在源对象上指定有效的约束(或关键点)以用作基点。如果编辑生成的阵列的源对象,阵列的基点保持与源对象的关键点重合。

旋转轴　指定由两个指定点定义的自定义旋转轴。

关联　指定阵列中的对象是关联的还是独立的。

　　　　是指包含单个阵列对象中的阵列项目,类似于块。使用关联阵列,可以通过编辑特性和源对象在整个阵列中快速传递更改。

　　　　否指创建阵列项目作为独立对象。更改一个项目不影响其他项目。

项目　使用值或表达式指定阵列中的项目数。

注意:当在表达式中定义填充角度时,结果值中的＋或－数学符号不会影响阵列的方向。

项目间角度　使用值或表达式指定项目之间的角度。

填充角度　使用值或表达式指定阵列中第一个和最后一个项目之间的角度。

行数　指定阵列中的行数、它们之间的距离以及行之间的增量标高。

　　　　行数　设定行数。

　　　　行间距　指定从每个对象的相同位置测量的每行之间的距离。

　　　　全部指定　从开始和结束对象上的相同位置测量的起点和终点行之间的总距离。

　　　　增量标高　设置每个后续行的增大或减小的标高。

　　　　表达式基于数学公式或方程式导出值。

层　指定(三维阵列的)层数和层间距。

　　　　层数　指定阵列中的层数。

　　　　层间距　指定层级之间的距离。

表达式使用数学公式或方程式获取值。

全部指 定第一层和最后一层之间的总距离。

旋转项目 控制在排列项目时是否旋转项目。

3. 路径阵列

沿路径或部分路径均匀分布对象副本,路径可以是直线、多段线、三维多段线、样条曲线、螺旋、圆弧、圆或椭圆。

命令行提示信息解释:

选择对象 选择要在阵列中使用的对象。

路径曲线 指定用于阵列路径的对象。选择直线、多段线、三维多段线、样条曲线、螺旋、圆弧、圆或椭圆。

关联 指定阵列中的对象是关联的还是独立的。

是指包含单个阵列对象中的阵列项目,类似于块。使用关联阵列,可以通过编辑特性和源对象在整个阵列中快速传递更改。

否指创建阵列项目作为独立对象。更改一个项目不影响其他项目。

方式 控制如何沿路径分布项目。

定数等分将指定数量的项目沿路径的长度均匀分布。

测量以指定的间隔沿路径分布项目。

基点 定义阵列的基点。路径阵列中的项目相对于基点放置。

基点 指定用于在相对于路径曲线起点的阵列中放置项目的基点。

关键点 对于关联阵列,在源对象上指定有效的约束(或关键点)以与路径对齐。如果编辑生成的阵列的源对象或路径,阵列的基点保持与源对象的关键点重合。

切向 指定阵列中的项目如何相对于路径的起始方向对齐。

两点指定表示阵列中的项目相对于路径的切线的两个点。两个点的矢量建立阵列中第一个项目的切线,如图 2-89(a)所示。"对齐项目"设置控制阵列中的其他项目是否保持相切或平行方向。

普通根据路径曲线的起始方向调整第一个项目的 Z 方向,如图 2-89(b)所示。

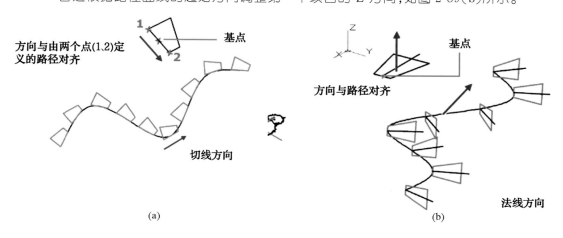

（a）　　　　　　　　　　　　　　　（b）

图 2-89

项目 根据"方法"设置,指定项目数或项目之间的距离。

沿路径的项目数(当"方法"为"定数等分"时可用)使用值或表达式指定阵列中的项目数。

沿路径的项目之间的距离(当"方法"为"定距等分"时可用)使用值或表达式指定阵列中的项目

的距离。默认情况下,使用最大项目数填充阵列,这些项目使用输入的距离填充路径。可以指定一个更小的项目数(如果需要),也可以启用"填充整个路径",以便在路径长度更改时调整项目数。

行 指定阵列中的行数、它们之间的距离以及行之间的增量标高。

　　行数　设定行数。

　　行间距　指定从每个对象的相同位置测量的每行之间的距离。

　　全部　指定从开始和结束对象上的相同位置测量的起点和终点行之间的总距离。

　　增量标高　设置每个后续行的增大或减小的标高。

　　表达式基于数学公式或方程式导出值。

层 指定(三维阵列的)层数和层间距。

　　层数　指定阵列中的层数。

　　层间距　指定层级之间的距离。

　　表达式　使用数学公式或方程式获取值。

　　全部　指定第一层和最后一层之间的总距离。

　　对齐项目 指定是否对齐每个项目以与路径的方向相切。对齐相对于第一个项目的方向,如图 2-90 所示。

2.5.2 积分转盘的绘制

(1)在命令行中输入命令 C,画中心的小圆,如图 2-91 所示。

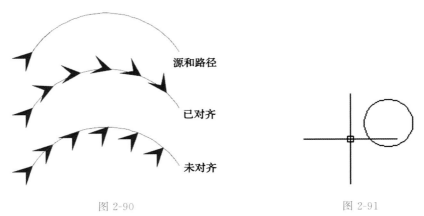

源和路径

已对齐

未对齐

　　　　图 2-90　　　　　　　　　　　　　　　　　　图 2-91

(2)按空格键重复画圆操作,画尺寸适当的第二个圆,如图 2-92 所示。

(3)在命令行中输入命令 O,按回车键,输入偏移的距离,按空格键,然后选择偏移的对象,拖动鼠标,左击鼠标,完成偏移,如图 2-93 和图 2-94 所示。

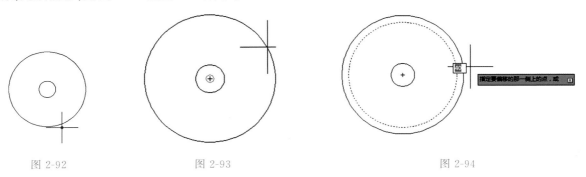

　　图 2-92　　　　　　　　　图 2-93　　　　　　　　　图 2-94

(4)继续执行画圆命令,画第四个大圆,如图 2-95 所示。

(5)重复第(3)步,对第四个大圆进行适当距离的偏移,如图 2-96 所示。

(6)在命令行中输入命令 DIV,按回车键,如图 2-97 所示。

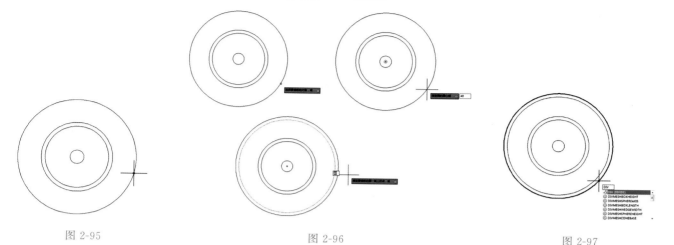

图 2-95　　　　　　　　　　　　图 2-96　　　　　　　　　　　　图 2-97

(7)选择最外侧圆作为等分对象,输入需要输入的等分数值 20,按回车键,如图 2-98 所示。

(8)输入命令 DDPTYPE(见图 2-99),回车,进行点样式设置,如图 2-100 所示。

图 2-98　　　　　　　　　　　　图 2-99　　　　　　　　　　　　图 2-100

(9)选择第二行第三个点样式,单击"确定"按钮,如图 2-101 所示。

(10)得到结果,如图 2-102 所示。

(11)按住 Shift 键,同时右击鼠标在弹出的快捷菜单中选择"对象捕捉设置",在打开的对话框中勾选"节点",单击"确定"按钮,以便下一步选择等分点,如图 2-103 所示。

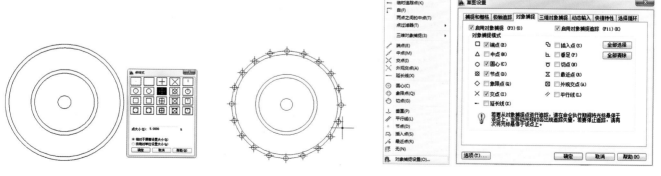

图 2-101　　　　　　　　　　　　图 2-102　　　　　　　　　　　　图 2-103

(12)在命令行中输入命令 L 画直线,作为旋转参照的辅助线,如图 2-104 所示。

(13)在命令行中输入 RO,执行旋转命令,使用参照模式,得到图 2-105 所示的结果。

(14)选择辅助线,按 Delete 键进行删除,如图 2-106 所示。

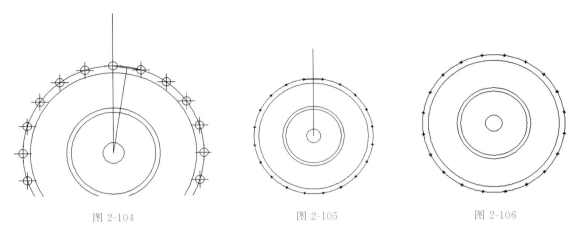

图 2-104   图 2-105   图 2-106

(15)在命令行中输入直线绘制命令 L,连接直线,如图 2-107 所示。

(16)在命令行中输入图案填充命令 H,进行图案填充,颜色选择蓝色,效果如图 2-108 所示。

(17)将工作空间切换成草图与注释模式,在命令行中输入阵列命令 AR,选择极轴模式,将填充区域作为阵列对象,设置中心点,设置项目数为 10,如图 2-109 所示。

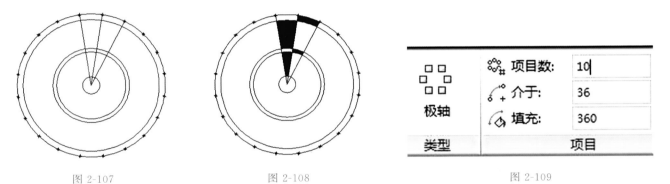

图 2-107   图 2-108   图 2-109

(18)关闭阵列,删除节点,得到图 2-110 所示的结果。

(19)在命令行中输入命令 C,画最后一个大圆,注意保持距离,如图 2-111 所示。

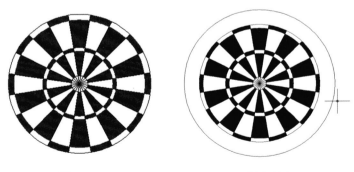

图 2-110   图 2-111

(20)在命令行中输入命令 T, 输入数字 20,设置字体大小,如图 2-112 所示。

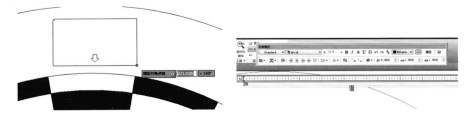

图 2-112

（21）完成文字录入后，单击文字，将其移动到合适位置，如图 2-113 所示。

（22）对数字进行阵列，输入命令 AR，选择数字，然后回车，选择极轴，然后将圆心作为基点，单击鼠标左键，如图 2-114 所示。

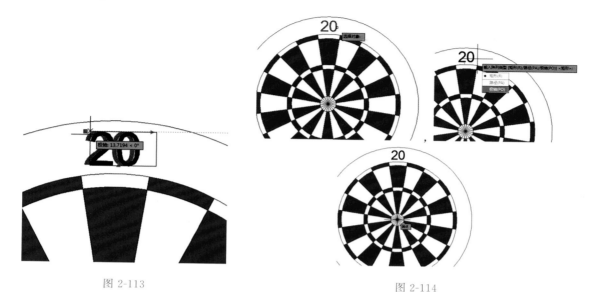

图 2-113

图 2-114

（23）设置项目数为 20，单击"关闭阵列"，如图 2-115 所示。

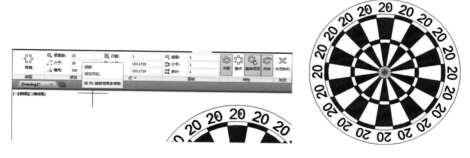

图 2-115

（24）对数字执行分解命令，输入命令 X，选中数字，单击空格键，完成分解，如图 2-116 所示。

（25）双击要修改的数字，进行修改，如图 2-117 所示。

（26）最后完成所有修改，如图 2-118 所示。

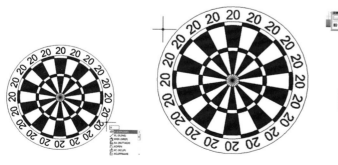

图 2-116

图 2-117

图 2-118

（27）将文件命名为积分转盘，存盘退出。

课 后 练 习 题

○　　　○　　　○　　　○　　　○

第一题(见图 2-119)

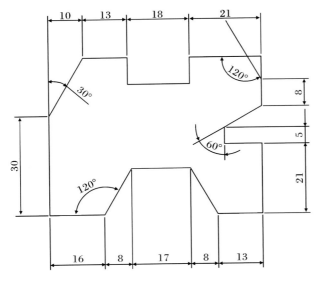

图 2-119

第二题(见图 2-120)

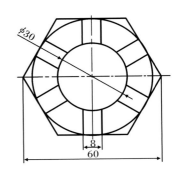

图 2-120

第三题(见图 2-121)

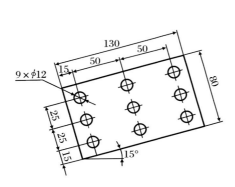

图 2-121

第四题(见图 2-122)

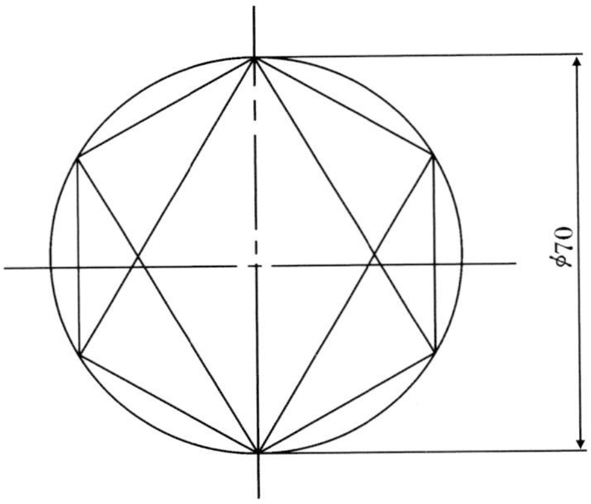

图 2-122

第五题(见图 2-123)

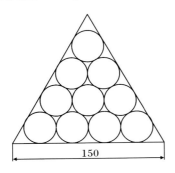

图 2-123

第六题(见图 2-124)

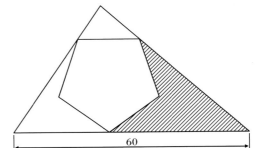

图 2-124

Jianzhu AutoCAD Xiangmuhua Jiaocheng

项目三
家装平面图的绘制

任务 1
绘 制 浴 盆

目标:掌握拉伸、圆角等编辑命令,掌握线宽、线颜色的设置方法,掌握线性、对齐、半径、直径等的标注方法。

3.1.1 知识点讲解

1. 拉伸命令(STRETCH)

含义:用来把对象的单个边进行缩放,拉伸只能框住对象的一半进行拉伸,如果全选则只是对物体进行移动,毫无意义。

调用方法:

- 命令行:输入快捷命令 S。
- 菜单栏:单击【修改】|【拉伸】命令。
- 工具栏:单击修改工具栏中的拉伸按钮。

2. 圆角命令(FILLET)

调用方法:

- 命令行:输入快捷命令 F。
- 菜单栏:单击【修改】|【圆角】。
- 工具栏:单击修改工具栏中的圆角按钮。

主要操作步骤:

(1)设置半径 R 的值;

(2)选择要进行圆角的对象,如图 3-1 所示。

图 3-1

3. 分解命令(EXPLODE)

调用方法:

- 命令行:输入快捷命令 X。
- 菜单栏:单击【修改】|【分解】。
- 工具栏:单击修改工具栏中的分解按钮。

注:分解命令只能针对块物体,对文字不能使用分解命令。

4. 线性标注(DIMLINEAR)

含义:标注水平或者垂直方向的尺寸。

调用方法:

- 命令行:输入快捷命令 DLI,方法常用。
- 菜单栏:单击【标注】|【线性】命令。

● 工具栏:单击标注工具栏中的线性标注按钮H。

主要操作步骤:

(1)通过捕捉点的方式,确定标注的边界;

(2)把尺寸线放到合适的位置。

5.圆弧半径标注(DIMRADIUS)

含义:标注圆弧或圆的半径尺寸。

调用方法:

● 命令行:输入快捷命令 DRA,方法常用。

● 菜单栏:单击【标注】|【半径】命令。

● 工具栏:单击标注工具栏中的线性标注按钮 ⊘ 。

主要操作步骤:

(1)单击需要标注的圆或者圆弧;

(2)把尺寸线放到合适的位置。

3.1.2 浴盆的绘制

(1)在命令行中输入矩形绘制命令 REC,绘制一个 1800×750 的矩形,如图 3-2 所示。

(2)在命令行中输入偏移命令 O,对矩形进行偏移,设置偏移距离为 65,如图 3-3 所示。

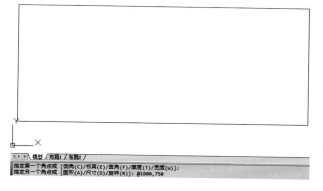

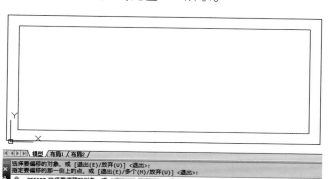

图 3-2　　　　　　　　　　　　　　　　　图 3-3

(3)在命令行中输入 S,选择对象时用反选,鼠标从左下角向右上角移动,如图 3-4 所示。

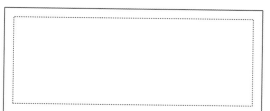

图 3-4

(4)指定左下角为基点,如图 3-5 所示。

(5)打开正交模式,将矩形向右拖拽一定距离,如图 3-6 所示。

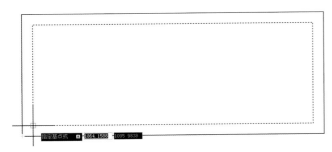

图 3-5

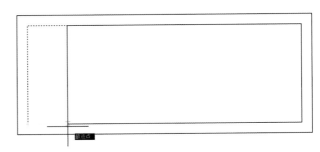

图 3-6

（6）输入拉伸距离 60，按 Enter 键确认，如图 3-7 所示。

（7）在命令行中输入倒角命令 F，对拉伸后的矩形左端进行倒圆角，设置圆角半径为 50，如图 3-8 所示。

图 3-7

图 3-8

（8）在命令行中输入倒角命令 F，对拉伸后的矩形右端进行倒圆角，设置圆角半径为 310，如图 3-9 所示。

（9）绘制浴盆中间的小圆。在命令行中输入直线绘制命令 L，捕捉中点，正交打开，向右画 225，确定小圆的圆心；在命令行中输入 C，画圆，其半径为 30，如图 3-10 所示。

图 3-9

图 3-10

（10）在命令行中输入 DLI，单击下面左右两个端点，如图 3-11 所示。

（11）移动鼠标到合适位置，单击，如图 3-12 所示。

图 3-11

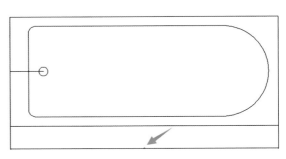

图 3-12

（12）在命令行中输入 D，打开"标注样式管理器"对话框，单击"修改"按钮，如图 3-13 所示。

（13）选择"调整"选项卡，将"使用全局比例"的值 1（见图 3-14）改为 15，单击"确定"按钮，关闭"标注样式管理器"对话框。

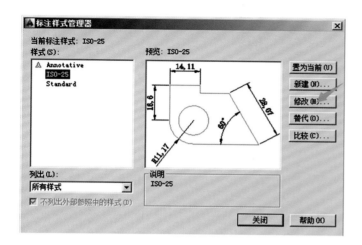

图 3-13

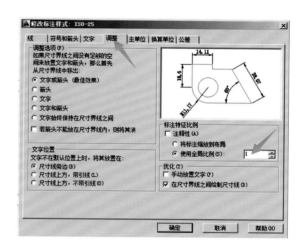

图 3-14

(14)原来标注的尺寸按 10 倍比例进行放大,如图 3-15 所示。

(15)在命令行中输入 DLI,标注其他线性尺寸;在命令行中输入 DRA,标注半径,如图 3-16 所示。

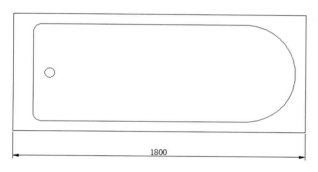

图 3-15

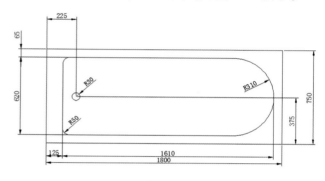

图 3-16

(16)将文件命名为浴盆,存盘退出。

任务 2
绘制淋浴间

目标:巩固练习偏移命令、圆弧绘制命令、线性标注、圆弧标注,掌握线宽设置方法。

3.2.1　知识点讲解

线宽设置步骤如下:
(1)选择要设置线宽的对象;
(2)特性工具条,单击线宽控制,设置线宽值;
(3)单击显示/隐藏线宽,显示线宽。

3.2.2 淋浴间的绘制

淋浴间尺寸如图 3-17 所示。

(1)在命令行中输入直线绘制命令 L，绘制一条长度为 890 的水平线，绘制一条长度为 820 的垂直线，如图 3-18 所示。

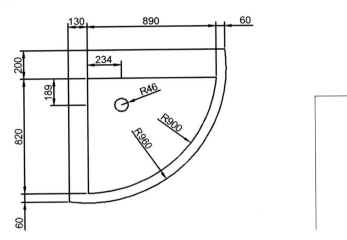

图 3-17　　　　　　　　　　　　　　　　　　图 3-18

(2)在菜单栏中单击【绘图】|【圆弧】命令，选择用起点、端点、半径绘制圆弧，圆弧半径为 900，如图 3-19 所示。

注：起点和端点的选择顺序按照逆时针方向。

(3)在命令行中输入偏移命令 O，偏移直线距离分别为 130,200，如图 3-20 所示。

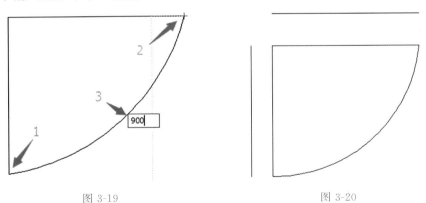

图 3-19　　　　　　　　　　　　　　　　　　图 3-20

(4)选择偏移的直线，分别拖拽夹点，使得两条线相交，如图 3-21 所示。

(5)选择水平直线，按 F8 打开正交模式，向右拖拽夹点，在箭头指向处输入 60，如图 3-22 所示。

(6)选择垂直直线，按 F8 打开正交模式，向下拖拽夹点，在箭头指向处输入 60，如图 3-23 所示。

(7)在命令行中输入修剪命令 TR，执行修剪操作，效果如图 3-24 所示。

(8)在菜单栏中单击【绘图】|【圆弧】命令，选择用起点、端点、半径绘制圆弧，圆弧半径 900，如图 3-25 所示。

(9)输入直线绘制命令 L，捕捉端点作为第一个点，在指定第二点提示下输入 @234,−189，如图 3-26 所示。

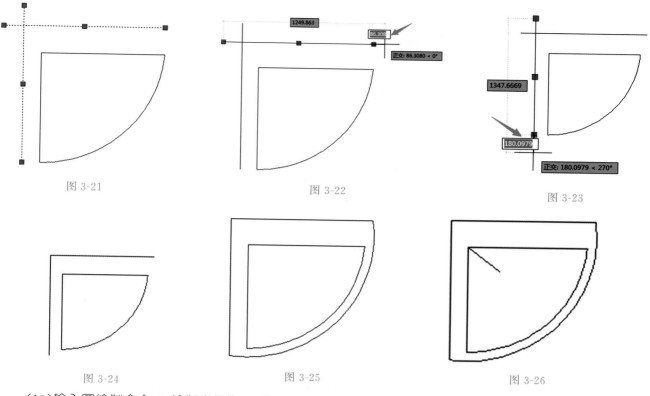

图 3-21　　　　　　　　　　图 3-22　　　　　　　　　　图 3-23

图 3-24　　　　　　　　　　图 3-25　　　　　　　　　　图 3-26

（10）输入圆绘制命令 C，绘制半径为 45 的圆，如图 3-27 所示。

（11）选择辅助直线，输入 E，按空格键删除，如图 3-28 所示。

（12）按住 Ctrl＋A 键，全选对象，如图 3-29 所示。

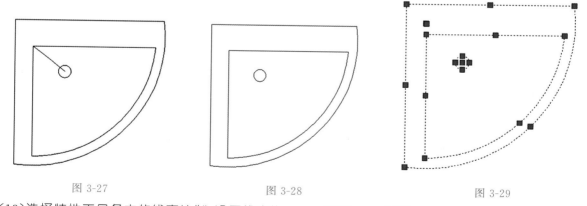

图 3-27　　　　　　　　　　图 3-28　　　　　　　　　　图 3-29

（13）选择特性工具条中的线宽控制，设置线宽为 0.30，如图 3-30 所示。

（14）单击状态行的显示/隐藏按钮，使其属于显示状态，如图 3-31 所示。

（15）输入线性标注命令 DLI，标注线性尺寸，如图 3-32 所示。

注：标注样式调整选项中的全局比例由 1 改成 18，设置方法参照浴盆绘制案例第。

（16）输入半径标注命令 DRA，标注圆半径尺寸，如图 3-33 所示。

（17）命名文件为淋浴间，存盘退出。

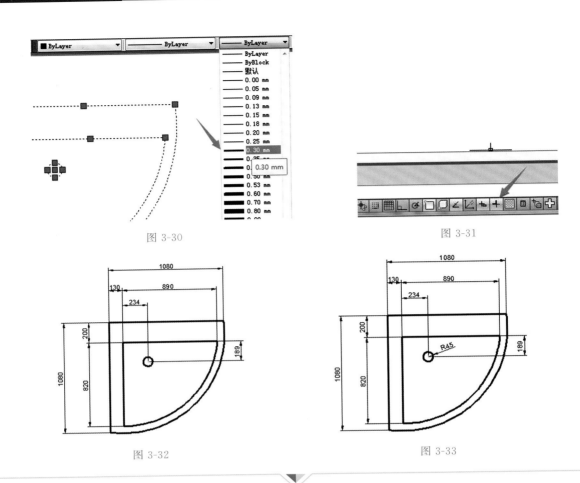

图 3-30

图 3-31

图 3-32

图 3-33

任务 3

绘 制 楼 梯

目标:掌握构造线、射线、多线等绘图命令,掌握分解命令。

3.3.1　知识点讲解

1. 绘制射线(RAY)

调用方法:

● 命令行:输入 RAY。

● 菜单栏:在菜单栏中选择【绘图】|【射线】命令。

例　使用【射线】命令绘制通过点(100,100)和点(200,200)的射线。

(1)在菜单栏中选择【绘图】|【射线】命令,命令行会提示"指定起点"。

(2)在命令行中输入射线起点坐标(100,100),再按 Enter 键,或者在绘图区用鼠标指定点,此时命令行会提示"指定通过点"。

(3)在命令行中输入射线通过点坐标@100,100,再按 Enter 键;或者在绘图区用鼠标指定点,此时命令行会提示"指定通过点"。

（4）直接按 Enter 键结束射线绘制，如图 3-34 所示（如果继续在命令行中的"指定通过点"提示下输入射线通过点坐标，则可以绘制多条射线）。

2. 绘制构造线 (XLINE)

调用方法：

- 命令行：输入 XLINE。
- 菜单栏：在菜单栏中选择【绘图】|【构造线】命令。
- 工具栏：在绘图工具栏中单击构造线按钮。

图 3-34

例　使用【构造线】命令绘制图 3-35 所示的间距为 250 的三条水平构造线。

（1）在菜单栏中选择【绘图】|【构造线】命令，命令行会提示"指定点或[水平（H）/垂直（V）/角度（A）/二等分（B）/偏移（O）]"，如图 3-36 所示。

图 3-35

图 3-36

（2）在命令行中输入 H，此时命令行会提示"指定通过点"，如图 3-37 所示。

（3）在命令行中输入通过点坐标(1000,1000)，再按 Enter 键，或者在绘图区用鼠标指定点，此时命令行会提示"指定通过点"，如图 3-38 所示。

图 3-37

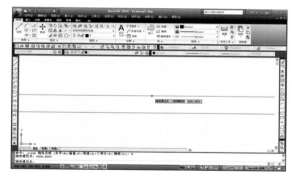

图 3-38

（4）重复上述操作分别输入通过点坐标(1250,1250)和(1500,1500)，再按 Enter 键结束绘制构造线。

提示： 执行选项中有"指定点""水平""垂直""角度""二等分"和"偏移"6 种绘制构造线的方式，如图 3-39 所示。

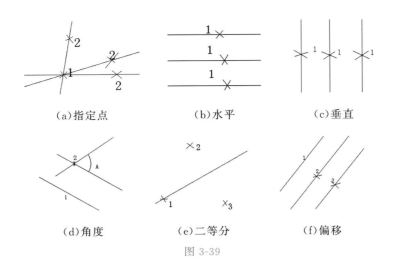

(a)指定点　　　(b)水平　　　(c)垂直

(d)角度　　　(e)二等分　　　(f)偏移

图 3-39

3. 绘制多线

多条平行线称为多线,创建的线是整体,可以保存多样样式,或者使用默认的两个元素样式,还可以设置每个元素的颜色、线型。

调用方法:

● 命令行:输入 ML。
● 菜单栏:在菜单栏中选择【绘图】|【多线】命令。

主要操作步骤:

(1)从"绘图"菜单中选择"多线"命令。

(2)在命令提示下,输入 ST,选择一种样式。

(3)要列出可用样式,可输入样式名称或输入?。

直接输入已有多线样式名,也可以输入?,来显示已有的多线样式,

(4)要对正多线,可输入 J 并选择顶端对正、零点对正或底端对正。

上对正:该选项表示当从左向右绘制多线时,在光标下方绘制多线。

无对正:该选项表示绘制多线时,多线的中心线将随着光标移动。

下对正:该选项表示当从左向右绘制多线时,在光标上方绘制多线。

(5)要修改多线的比例,可输入 S 并输入新的比例。

确定多线宽度相对于多线定义宽度的比例因子,该比例不影响线型的比例。

4. 新建多线样式

(1)从"格式"菜单中选择"多线样式"命令,打开"多线样式"对话框,如图 3-40 所示。

(2)在"多线样式"对话框中单击"新建"按钮,在弹出的对话框中给新样式命名,单击"继续"按钮,如图 3-41 所示。

(3)在弹出的对话框中单击图元区的"添加"按钮,添加一条线,在偏移框中输入值,默认是 0,偏移值表示添加的这条线中心的相对距离。(注:偏移值上限 0.5,下限－0.5),如图 3-42 所示。

(4)封口区的选项表示多线以何种形式封口,勾选起点直线封口,表示多线起点以直线封闭。添加一条偏移值为 0、起点为直线的多线样式,如图 3-43 所示。

(5)新定义的多线样式需置为当前才能在输入多线绘制命令后成为默认设置,然后单击"确定"按钮退出。

图 3-40

图 3-41

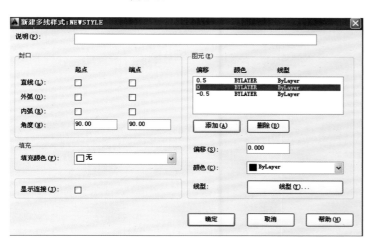

图 3-42

图 3-43

5. 编辑多线

调用方式：

(1)菜单栏：【修改】|【对象】|【多线】命令。

(2)在绘图区双击已绘制的多线。

执行上述操作后,会弹出图 3-44 所示的"多线编辑工具"对话框。

图 3-44

3.3.2　楼梯的绘制

(1)在命令行中输入 L,绘制直线,分别是竖线 150,水平线 300,如图 3-45 所示。

(2)在命令行中输入复制命令 CO,复制 8 个图案,如图 3-46 所示。

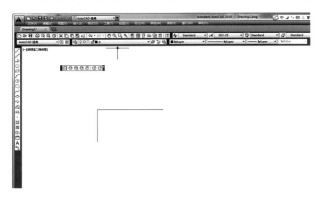

图 3-45

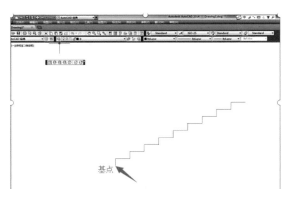

图 3-46

(3)在命令行中输入 L,绘制楼梯底线,如图 3-47 所示。

(4)输入偏移命令 O,偏移底线距离 100,如图 3-48 所示。

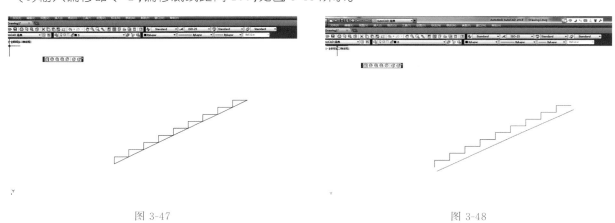

图 3-47　　　　　　　　　　　　　　　　图 3-48

(5)绘制矩形梯梁,矩形宽度为 240,高度为 400;再用 TRIM 修剪多余线段,如图 3-49 所示。

(6)绘制栏杆,多线比例设置为 60,对齐设置为无,捕捉中心点,如图 3-50 所示。

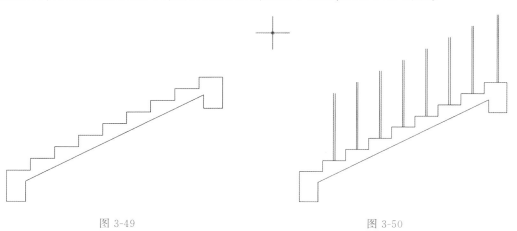

图 3-49　　　　　　　　　　　　　　　　图 3-50

（7）绘制扶手，多线比例设置为60，如图3-51所示。

（8）删除多余线段，结果如图3-52所示。

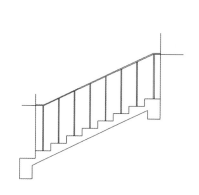

图3-51　　　　　　　　　　　　　　　图3-52

（9）命名文件为楼梯，存盘退出。

课 后 练 习 题

○　　　○　　　○　　　○　　　○

第一题（见图3-53）

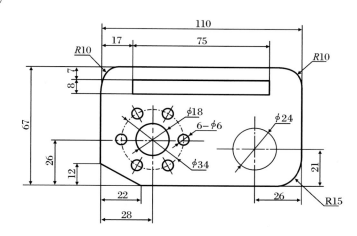

图3-53

第二题（见图3-54）

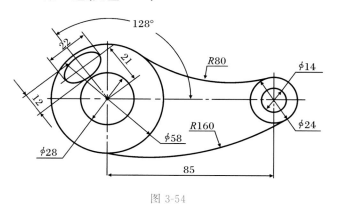

图3-54

第三题（见图3-55）

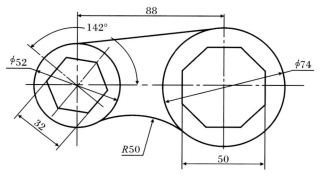

图3-55

第四题(见图 3-56)　　　　　　　　　　　　　　　第五题(见图 3-57)

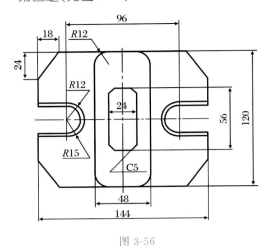

图 3-56

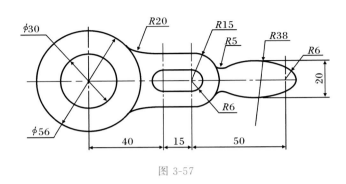

图 3-57

任务 4
绘制立面木门

目标:掌握块的定义与插入方法,掌握连续标注和快速标注方法。

3.4.1　知识点讲解

1. 块

块也称为图块,是 AutoCAD 图形设计中的一个重要概念。在绘制图形时,如果图形中有大量相同或相似的内容,或者所绘制的图形与已有的图形文件相同,则可以把要重复绘制的图形创建成块,并根据需要为块创建属性,指定块的名称、用途及设计者等信息,在需要时直接插入它们,从而提高绘图效率。

当然,用户也可以把已有的图形文件以参照的形式插入当前图形中(即外部参照),或是通过 AutoCAD 设计中心浏览、查找、预览、使用和管理 AutoCAD 图形、块、外部参照等不同的资源文件。

块是一个或多个对象组成的对象集合,常用于绘制复杂、重复的图形。一旦一组对象组合成块,就可以根据作图需要将这组对象插入图中任意指定位置,而且还可以按不同的比例和旋转角度插入。在 AutoCAD 中,使用块可以提高绘图速度、节省存储空间、便于修改图形。

2. 创建块(BLOCK)

调用方法:
● 菜单栏:在【绘图】菜单下单击【创建块】命令。
● 命令行:输入 BLOCK 或 B。
● 工具栏:在绘图工具栏上单击创建块按钮 ⿴。
操作步骤:
(1)在"块定义"对话框的"名称"框中输入块名,如图 3-58 所示。
(2)在"基点"区单击"拾取点",定义图形插入时的基准点位置。

（3）在"对象"区单击"选择对象"，在绘图区选择要定义为块的图形。

3. 插入块（INSERT）

含义：可以在图形中插入块或其他图形，在插入的同时还可以改变所插入块或图形的比例与旋转角度。

调用方法：

● 命令行：输入 I。

● 工具栏在绘图工具栏上单击插入块按钮。

执行上述命令后，打开"插入"对话框，如图 3-59 所示。

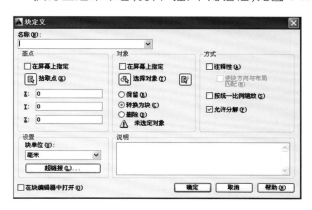

图 3-58

图 3-59

主要选项的功能：

（1）"名称"下拉列表框：用于选择块或图形的名称，用户也可以单击其后的"浏览"按钮，打开"选择图形文件"对话框，选择要插入的块和外部图形。

（2）"插入点"选项区域：用于设置块的插入点位置。

（3）"比例"选项区域：用于设置块的插入比例。可不等比例缩放图形，在 X、Y、Z 三个方向进行缩放。

（4）"旋转"选项区域：用于设置块插入时的旋转角度。

（5）"分解"复选框：选中该复选框，可以将插入的块分解成组成块的各基本对象。

4. 写块（WBLOCK）

含义：可以将块以文件的形式存入磁盘。

调用方法：

命令行：输入快捷命令 W。

执行写块命令后，打开"写块"对话框，如图 3-60 所示。

主要选项的功能：

（1）"源"选项区域：设置组成块的对象来源。

"块"单选按钮：可以将使用创建块命令创建的块写入磁盘。

"整个图形"：可以把全部图形写入磁盘。

"对象"：可以指定需要写入磁盘的块对象。

（2）"目标"选项区域：设置块的保存名称、位置。

5. 创建并使用带有属性的块

调用方法：

● 单击"菜单浏览器"按钮，在弹出的菜单中选择【绘图】|【块】|【定义属性】命令。

● 在"功能区"选项板中选择"块和参照"选项卡,在"属性"面板中单击"定义属性"按钮,可以使用打开的"属性定义"对话框创建块属性,如图3-61所示。

● 命令行:输入命令 ATTDEF。

图 3-60　　　　　　　　　　　　　　　　　　　　图 3-61

6. 连续标注(DIMCONTINUE)

含义: 自动从创建的上一个线性约束、角度约束或坐标标注继续创建其他标注,或者从选定的尺寸界线继续创建其他标注,自动连续排列尺寸线。

调用方法:

● 命令行:输入快捷命令 DCO。

● 菜单栏:单击【标注】|【连续标注】命令。

● 工具栏:单击标注工具栏中的ℍ。

主要操作步骤:

(1)先基准标注,后调用连续标注;

(2)连续标注的第一个尺寸界限原点是前面标注的第二个尺寸界限原点,只要确定第二个尺寸界限原点即可。

7. 基线标注(DIMBASELINE)

含义: 从上一个标注或选定标注的基线处创建线性标注、角度标注或坐标标注。

调用方法:

● 命令行:输入快捷命令 DBA。

● 菜单栏:单击菜单栏中的【标注】|【基线标注】命令。

● 工具栏:单击标注工具栏中的ℍ。

主要操作步骤:

(1)先基准标注,后调用基线标注。

(2)连续标注的第一个尺寸界限原点是前面标注的基线位置,只要确定第二个尺寸界限原点即可,如图3-62所示。

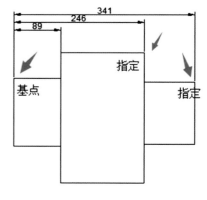

图 3-62

注: 基线标注必须借助于线型标注或对齐标注。

（3）基线间距的设置方法，在命令行中输入 D，弹出"标注样式管理器"对话框，单击"修改"按钮，如图 3-63 所示。

（4）在"线"标签页，设置基线间距即可，如图 3-64 所示。

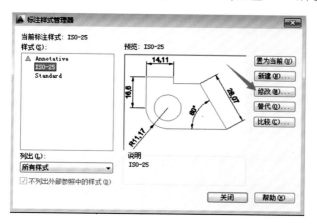

图 3-63

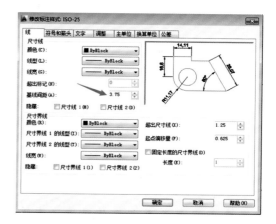

图 3-64

3.4.2　立面木门的绘制

立面木门尺寸如图 3-65 所示。

花样尺寸如图 3-66 所示。

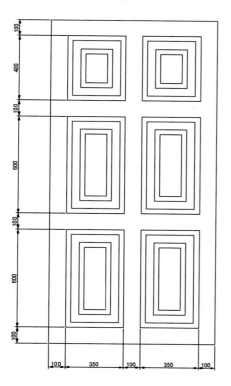

图 3-65

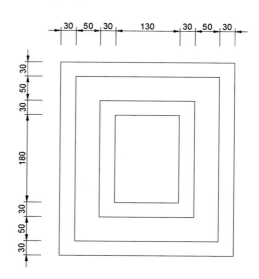

图 3-66

（1）在命令行中输入矩形绘制命令 REC，画出长方体门框线@1000,2000，如图 3-67 所示。

（2）在命令行中输入矩形绘制命令 REC，画出花样尺寸轮廓@350,400，然后向内部偏移距离依次为 30，

50,30,如图 3-68 所示。

（3）在命令行中输入绘制直线命令 L,捕捉长方形左上角为第一点,然后输入@100,－100,画出一条线用来确认门花样的位置,如图 3-69 所示。

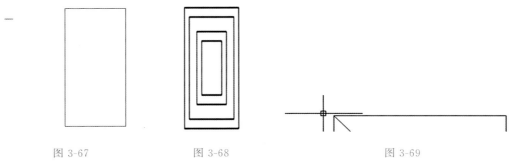

图 3-67　　　　　　　图 3-68　　　　　　　图 3-69

（4）在命令行中输入复制命令 CO,指定花样图案左上角为基点,复制到指定位置。

（5）在命令行中输入复制命令 CO,设置基点,打开正交模式,向下复制,距离为 500,如图 3-70 所示。

（6）在命令行中输入拉伸命令 S,反选对象,如图 3-71 所示。

（7）指定基点,如图 3-72 所示。

（8）打开正交模式,鼠标向下移动,如图 3-73 所示。

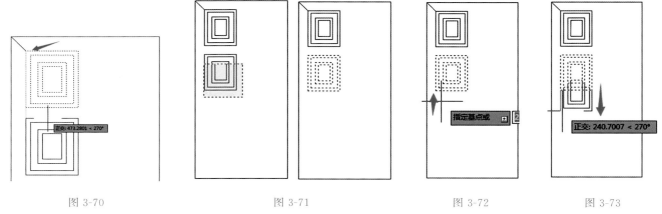

图 3-70　　　　　　　图 3-71　　　　　　　图 3-72　　　　　　　图 3-73

（9）在命令行中输入 200,完成拉伸操作,如图 3-74 所示。

（10）在命令行中输入镜像命令 MI,镜像左上角的辅助线,如图 3-75 所示。

（11）在命令行中输入块定义命令 B,块命名为花样,指定基点为花样左下角点,如图 3-76 所示。

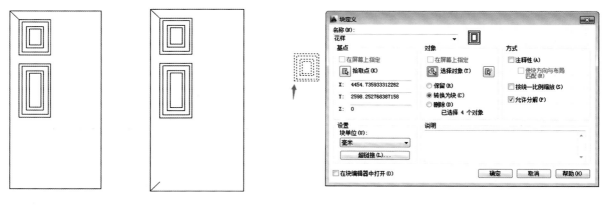

图 3-74　　　　　　图 3-75　　　　　　　　　图 3-76

（12）在命令行中输入插入块命令 I，设置 Y 方向比例为 1.5，插入辅助线端点作为基点，如图 3-77 所示。

（13）块插入操作结果如图 3-78 所示。

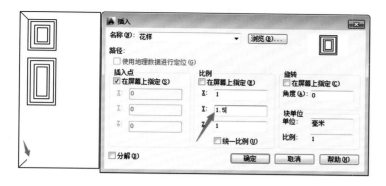

图 3-77

图 3-78

（14）全选内部花样，输入镜像命令 MI，效果如图 3-79 所示。

（15）选择辅助线，在命令行中输入 E，按空格键删掉辅助线，如图 3-80 所示。

（16）标注尺寸，如图 3-81 所示。

图 3-79　　　　　　　图 3-80

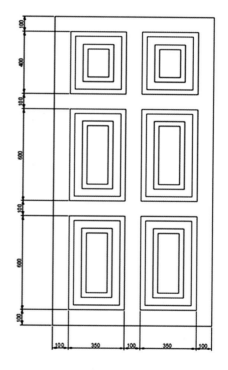

图 3-81

（17）命名文件花样图案，存盘退出。

任务 5
绘制衣柜立面图

目标：掌握标注的组成，掌握尺寸标注样式的创建和设置，掌握对齐、直径等标注方法。

3.5.1　知识点讲解

1.标注的组成

标注由尺寸界线、尺寸线、标注文字、箭头等四部分组成,示例如图 3-82 所示。

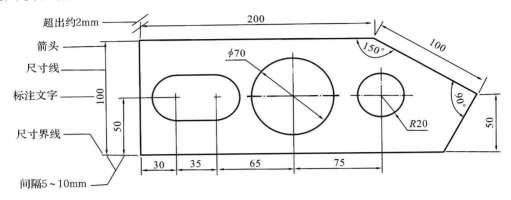

图 3-82

2.尺寸标注的规则

(1)物体的真实大小应以图样上所标注的尺寸数值为依据,与图形的大小及绘图的准确度无关。

(2)图样中的尺寸以毫米为单位时,不需要标注计量单位的代号或名称。

(3)图样中所标注的尺寸为该图样所表示的物体的最后完工尺寸,否则应另加说明。

(4)物体的每一尺寸,一般只标注一次,并应标注在最后反映该机构最清晰的图形上。

3.创建与设置标注的样式

调用方法:

- 命令行:输入 D。
- 菜单栏:单击【格式】菜单下的【标注样式】命令。
- 工具栏:单击标注工具栏上的标注样式按钮 ◢。

主要操作步骤:

(1)通过上面的调用方法,弹出"标注样式管理器"对话框,样式有 Annotative、ISO-25、Standard 三种样式,如图 3-83 所示。

(2)选择"ISO-25",单击"新建"按钮,表示以 ISO-25 为基础标注,在它基础上新建一个标注样式,如图 3-84 所示。

(3)给新样式命名,单击"继续"按钮,如图 3-85 所示。

(4)弹出"新建标注样式:新样式"对话框,包含线、符号和箭头、文字、调整、主单位、换算单位、公差等标签页,如图 3-86 所示。

1)"线"选项页

(1)在"尺寸线"选项区中,可以设置尺寸线的颜色、线宽、超出标记以及基线间距等属性。

该选项区中各选项含义如下:

图 3-83

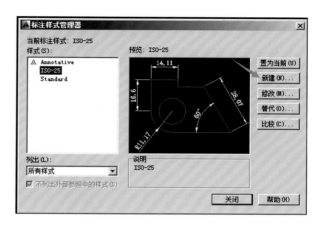

图 3-84

图 3-85

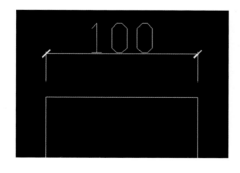

图 3-86

"颜色"下拉列表框:用于设置尺寸线的颜色。

"线型"下拉列表框:用于设置尺寸线的线型。

"线宽"下拉列表框:用于设置尺寸线的宽度。

"超出标记"微调框:当尺寸线的箭头采用倾斜、建筑标记、小点、积分或无标记等样式时,使用该文体框可以设置尺寸线超出尺寸界线的长度,如图 3-87 所示。

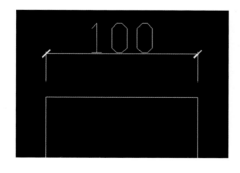

超出标记为 0 时

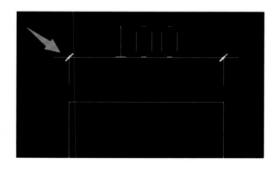

超出标记不为 0 时

图 3-87

"基线间距"文本框:进行基线尺寸标注时,可以设置各尺寸线之间的距离,如图 3-88 所示。

"隐藏"选项区:通过选择"尺寸线 1"或"尺寸线 2"复选框,可以隐藏第一段或第二段尺寸线及其相应的箭头,如图 3-89 所示。

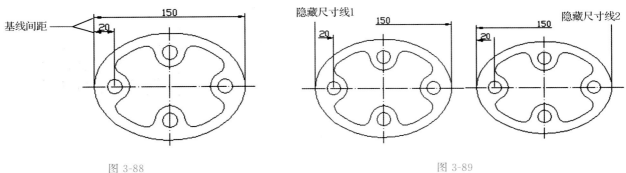

图 3-88   图 3-89

(2)在"尺寸界线"选项区中,可以设置尺寸界线的颜色、线宽、超出尺寸线的长度和起点偏移量、隐藏控制等属性。

该选项区中各选项含义如下:

"颜色"下拉列表框:用于设置尺寸界线的颜色。

"线型"下拉列表框:用于设置尺寸界线的线型。

"线宽"下拉列表框:用于设置尺寸界线的宽度。

"超出尺寸线"文本框:用于设置尺寸界线超出尺寸线的距离,如图 3-90 所示。

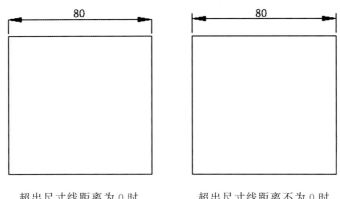

超出尺寸线距离为 0 时   超出尺寸线距离不为 0 时

图 3-90

"起点偏移量"文本框:用于设置尺寸界线的起点与标注定义的距离,如图 3-91 所示。

"隐藏"选项区:通过选择"尺寸界线 1"或"尺寸界线 2"复选框,可以隐藏尺寸界线,如图 3-92 所示。

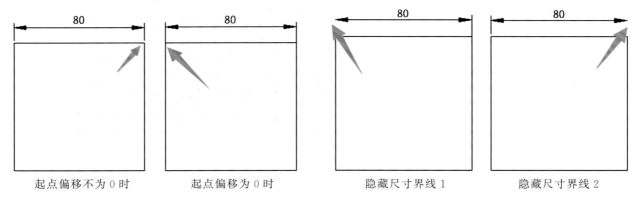

起点偏移不为 0 时   起点偏移为 0 时   隐藏尺寸界线 1   隐藏尺寸界线 2

图 3-91   图 3-92

2)"符号和箭头"选项卡

(1)箭头:可以设置尺寸线和引线箭头的类型及尺寸大小,如图 3-93 所示。

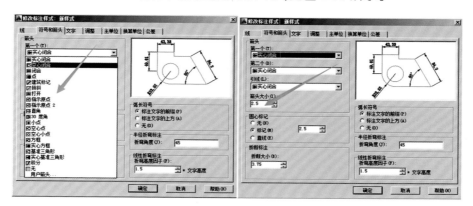

图 3-93

(2)圆心标记:可以设置圆或圆弧的圆心标记类型,有"标记""直线"和"无",如图 3-94 所示。其中,选择"标记"选项可对圆或圆弧绘制圆心标记;选择"直线"选项,可对圆或圆弧绘制中心线;选择"无"选项,则没有任何标记。选择"标记"和"直线"的示例如图 3-95 所示。

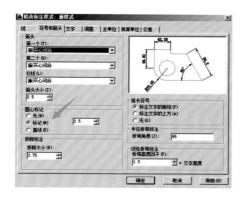

图 3-94

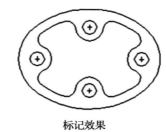　

标记效果　　　　　　直线效果

图 3-95

3)"文字"选项卡

(1)文字外观:可以设置文字的形式、颜色、高度、分数高度比例以及控制是否绘制文字的边框,如图 3-96 所示。

该选项区中各选项含义如下:

"文字样式"下拉列表框:用于选择标注文字的样式。

"文字颜色"下拉列表框:用于设置标注文字的颜色。

"文字高度"文本框:用于设置标注文字的高度。

"绘制文字边框"复选框:用于设置是否给标注文字加边框,如图 3-97 所示。

(2)文字位置:可以设置文字的垂直、水平位置、观察方向以及从尺寸线的偏移量。

文字垂直时,不同位置,如图 3-98 所示。

文字水平时,不同位置,如图 3-99 所示。

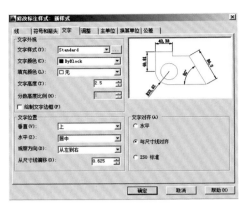

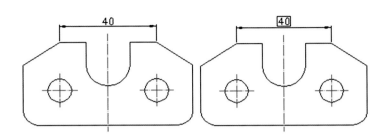

图 3-96   图 3-97

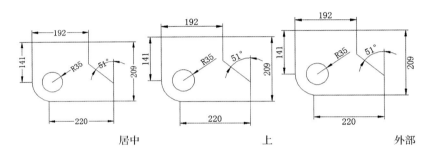

居中   上   外部

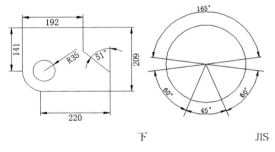

下   JIS

图 3-98

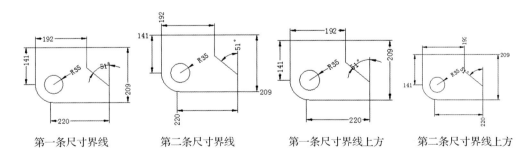

第一条尺寸界线   第二条尺寸界线   第一条尺寸界线上方   第二条尺寸界线上方

图 3-99

（3）文字对齐：可以设置标注文字是保持水平还是与尺寸线平行，如图 3-100 所示。

4）"调整"选项卡

可以对标注文本和尺寸线进行细微调整，如图 3-101 所示。

"调整选项"选项区：可以确定当尺寸界线之间没有足够空间，同时放置标注文字和箭头时，应首先从尺

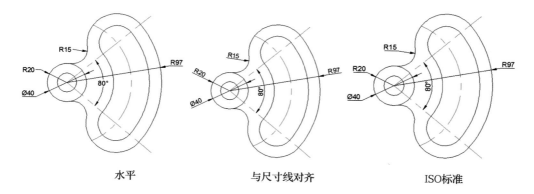

水平　　　　　　　　与尺寸线对齐　　　　　　　ISO标准

图 3-100

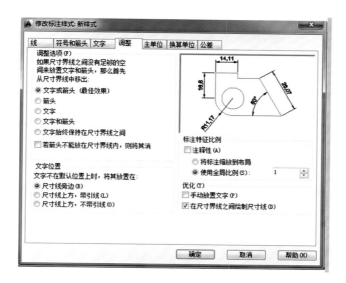

图 3-101

寸界线之间移出的对象,如图 3-102 所示。

文字　　　　　　箭头　　　　　　文字和箭头　　　　文字始终保持在尺寸界线之间

图 3-102

"文字位置"选项区:设置当文字不在默认位置时的位置,如图 3-103 所示。

尺寸线旁边　　　　尺寸线上方,带引线　　　　尺寸线上方,不带引丝

图 3-103

"标注特征比例"选项区:可以设置标注尺寸的特征比例,以便通过设置全局比例因子来增加或减少各标注的大小,如图 3-104 所示。

5)"主单位"选项卡

在"主单位"选项卡中可以设置主单位的格式与精度等属性,如图 3-105 所示。

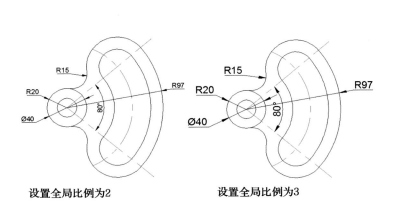

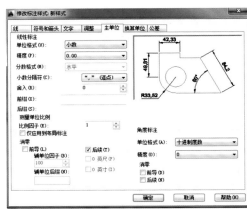

设置全局比例为2　　　　　　设置全局比例为3

图 3-104　　　　　　　　　　　图 3-105

6)"换算单位"选项卡

在"换算单位"选项卡中可以设置换算单位的格式,如图 3-106 所示。

7)"公差"选项卡

在"公差"选项卡中可以设置是否标注公差,以及以何种方式进行标注,如图 3-107 所示。

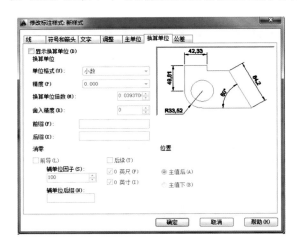

图 3-106　　　　　　　　　　　图 3-107

4. 尺寸标注调用方法

(1)尺寸标注工具栏如图 3-108 所示。

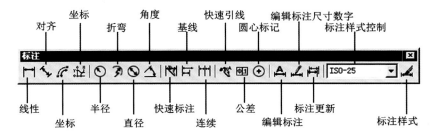

图 3-108

（2）尺寸标注的菜单调用如图 3-109 所示。

5. 尺寸标注类型

尺寸标注类型如图 3-110 所示。

图 3-109

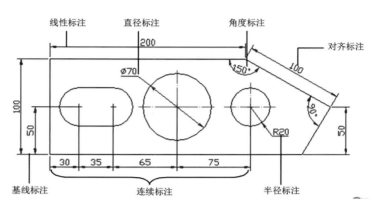

图 3-110

1）创建对齐标注

（1）在"标注"菜单中单击"对齐"或单击标注工具栏中的✎或者输入 DAL。

（2）指定尺寸界线的位置，在指定尺寸位置之前，可以编辑文字或修改文字角度：

● 要使用多行文字编辑文字，请输入 M（多行文字），在多行文字编辑器中修改文字然后单击确定；

● 要使用单行文字编辑文字，请输入 T（文字），修改命令行上的文字，然后确定；

● 要旋转文字，请输入 A（角度），然后输入文字角度。

（3）指定尺寸线的位置，如图 3-111 所示。

注：创建线性标注的方法同创建对齐标注的方法一样。

2）创建快速标注

（1）从"标注"菜单中选择"快速标注"或单击标注工具栏中的┮或者输入 QDIM。

（2）提示："选择要标注的几何图形"，此时选择图中要标注的几何对象。

（3）提示：指定位置尺寸或［连续（C）并列（S）基线（B）坐标（O）半径（R）直径（D）基准点（P）编辑（E）设置（T）］＜连续＞，此时指定尺寸线位置。也可以在未指定之前输入 C，表示连续。选项解释如下：

连续：创建一系列连续标注，其中线性标注线端对端地沿同一条直线排列。

并列：创建一系列并列标注，其中线性尺寸线以恒定的增量相互偏移。

基线：创建一系列基线标注，其中线性标注共享一条公用尺寸界线。

坐标：创建一系列坐标标注，其中元素将以单个尺寸界线以及 X 或 Y 值进行注释。相对于基准点进行测量。

半径：创建一系列半径标注，其中将显示选定圆弧和圆的半径值。

直径：创建一系列直径标注，其中将显示选定圆弧和圆的直径值。

基准点：为基线和坐标标注设置新的基准点。

编辑：在生成标注之前，删除出于各种考虑而选定的点位置。

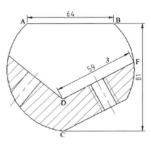

图 3-111

设置：为指定尺寸界线原点（交点或端点）设置对象捕捉优先级。

默认是连续，设置成并列、基线、坐标标注，如图 3-112 所示。

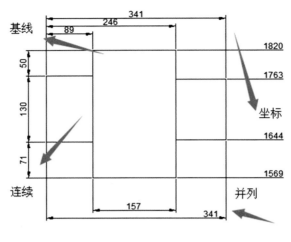

图 3-112

3.5.2　立面衣柜的绘制

立面衣柜尺寸如图 3-113 所示。

(1)绘制衣柜轮廓尺寸，在命令行中输入 REC 命令，用相对坐标法绘制@1040,1800，如图 3-114 所示。

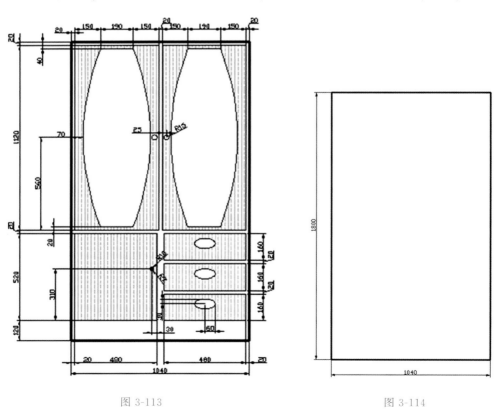

图 3-113

图 3-114

(2)绘制衣柜左上角矩形。在命令行中输入 REC 命令，用相对坐标法绘制@490,1120，在确定左上角顶点时，采用右键快捷菜单如图 3-115 和图 3-116 所示。

（3）绘制画圆弧辅助线，打开正交输入模式，绘制长 50 的左右水平线，如图 3-117 所示。

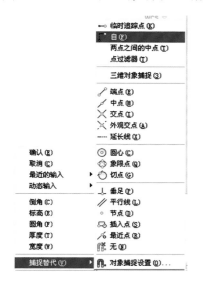
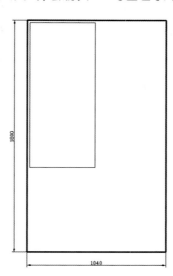
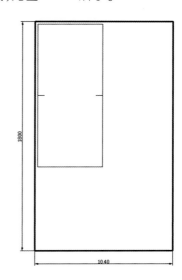

图 3-115　　　　　　　图 3-116　　　　　　　图 3-117

（4）绘制上端直线，采用 自(F) 的方法，绘制水平直线长 190，如图 3-118 所示。

（5）在命令行中输入镜像命令 MI，绘制下端直线，如图 3-119 所示。

（6）输入圆弧绘制命令 A，用三点画圆弧方法画圆弧，如图 3-120 所示。

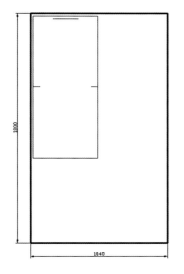
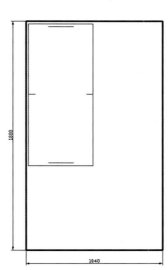
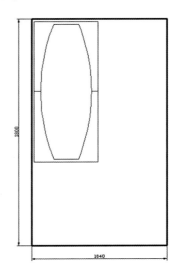

图 3-118　　　　　　　图 3-119　　　　　　　图 3-120

（7）在命令行中输入画圆命令 C，绘制把手上的圆，半径为 15，删除辅助线，如图 3-121 所示。

（8）在命令行中输入镜像命令 MI，绘制右边衣柜门，如图 3-122 所示。

（9）在命令行中输入命令 REC，绘制左边柜门，尺寸@480，520，如图 3-123 所示。

（10）在命令行中输入矩形绘制命令 REC，绘制右边最上边抽屉门，尺寸@480，160，如图 3-124 所示。

（11）绘制辅助线，在命令行中输入椭圆命令 EL，用中心定位，绘制水平半轴为 60、垂直半轴为 30 的椭圆，如图 3-125 所示。

（12）删除辅助线，在命令行中输入复制命令 CO，绘制另外两个抽屉门，如图 3-126 所示。

（13）在命令行中输入命令 DO 绘制左边柜上圆环，圆环中心，采用"自"定位，如图 3-127 所示。

（14）在命令行中输入图案填充命令 H，设置填充参数，如图 3-128 所示，填充效果如图 3-129 所示。

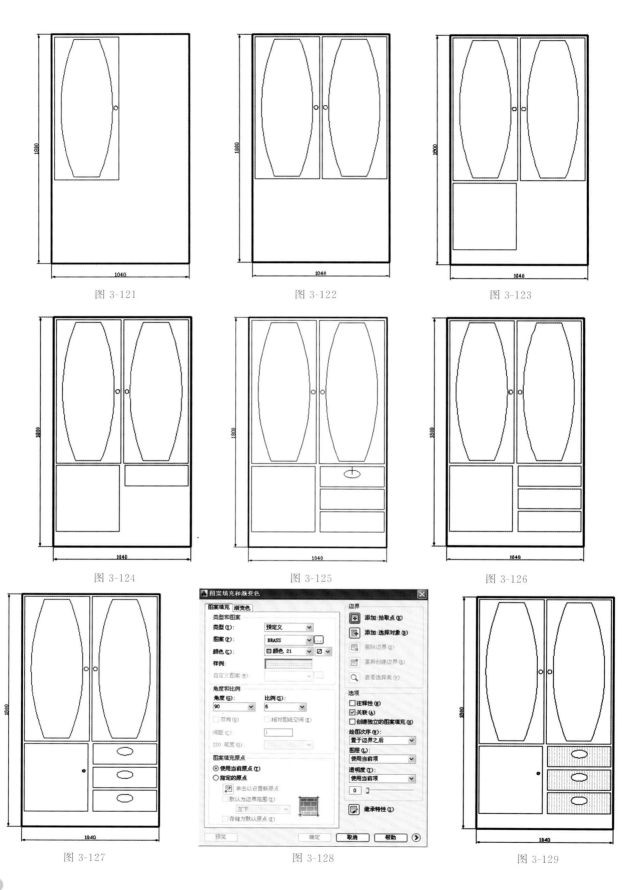

图 3-121　　　　　　　图 3-122　　　　　　　图 3-123

图 3-124　　　　　　　图 3-125　　　　　　　图 3-126

图 3-127　　　　　　　图 3-128　　　　　　　图 3-129

(15)重新设置颜色,如图 3-130 所示。对其余图案填充,如图 3-131 所示。

(16)标注尺寸。采用连续标注方式,提高标注效率,如图 3-132 所示。

图 3-130

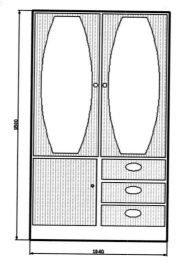

图 3-131

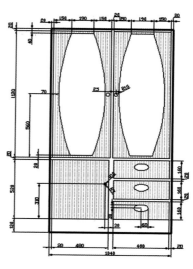

图 3-132

课 后 练 习 题

○　　　○　　　○　　　○　　　○

第一题(见图 3-133)　　　　第二题(见图 3-134)　　　　第三题(见图 3-135)

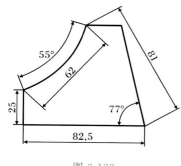

图 3-133

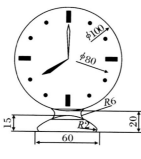

图 3-134

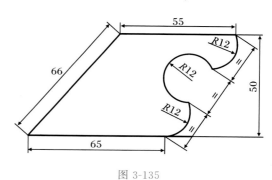

图 3-135

第四题(见图 3-136)

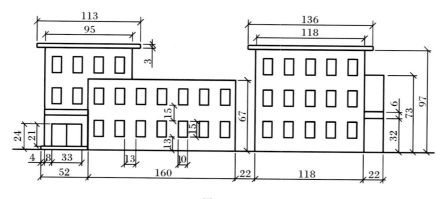

图 3-136

Jianzhu AutoCAD Xiangmuhua Jiaocheng

项目四

建筑平面图的绘制

4.1 知识点讲解

图层相当于图纸绘图中使用的重叠图纸。在 AutoCAD 中,我们可以创建和命名图层,并为这些图层指定通用特性。通过将对象分类放到各自的图层中,可以快速有效地控制对象的显示,也方便对其进行更改。

图层是 AutoCAD 提供的一个管理图形对象的工具,用户可以根据图层对图形几何对象、文字、标注等进行归类处理。使用图层来管理它们,不仅能使图形的各种信息清晰、有序,便于观察,而且也会给图形的编辑、修改和输出带来很大的便利。

1.打开图层特性管理器的方法

(1)快捷键为 LA。
(2)单击"图层工具栏"中的 ≣ 按钮。
"图层特性管理器"对话框(见图 4-1)中各选项含义如下:
"新建":新建图层,可为图层起名,设置线型、颜色、线宽等。

注:在新建一次图层后,按","键可连续新建图层。

"删除":删除图层。
下列四种图层不可删除:
①图层 0 和定义点;
②当前图层;
③依赖外部参照的图层;
④包含对象的图层。

外部参照:文件之间的一个链接关系,某文件依赖于外部文件的变化而变化。建立外部参照的步骤:
①新建一个窗口,命名为文件 1;
②在"插入"菜单下选择"外部参照",选择参照文件名为 2,单击"确定"按钮;
③在文件 1 中插入文件 2,保存;
④打开文件 2,进行改动保存;
⑤打开文件 1,观察到文件 1 的改动跟文件 2 一样,即文件 2 改动,文件 1 随之跟着改动。

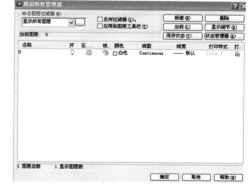

图 4-1

开关状态:图层处于打开状态时,灯泡为黄色,该图层上的图形可以在显示器上显示,也可以打印;图层处于关闭状态时,灯泡为灰色,该图层上的图形不能显示,也不能打印。

冻结/解冻状态:图层被冻结,该图层上的图形对象不能被显示出来,不能打印输出,而且也不能编辑或修改;图层处于解冻状态时,该图层上的图形对象能够显示出来,也能够打印,并且可以在该图层上编辑图形对象。

注:不能冻结当前图层,也不能将冻结层改为当前图层。

从可见性来说,冻结的图层与关闭的图层是相同的,但冻结的对象不参加处理过程中的运算,关闭的图层则要参加运算,所以在复杂的图形中冻结不需要的图层可以加快系统重新生成图形的速度。

锁定/解锁状态:锁定状态并不影响该图层上图形对象的显示,用户不能编辑锁定图层上的对象,但还可以在锁定的图层上绘制新图形对象。此外,也可以在锁定的图层上使用查询命令和对象捕捉功能。

颜色、线型与线宽:单击"颜色"列中对应的图标,可以打开"选择颜色"对话框(见图 4-2),选择图层颜

色;单击在"线型"列中的线型名称,可以打开"选择线型"对话框(见图 4-3),选择所需的线型(如果没有所需的线型,可单击"加载"按钮,在"加载或重载线型"对话框(见图 4-4)中选择);单击"线宽"列显示的线宽值,可以打开"线宽"对话框(见图 4-5),选择所需的线宽。

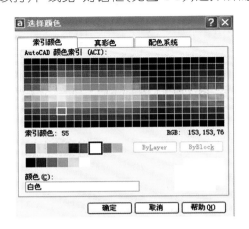

图 4-2

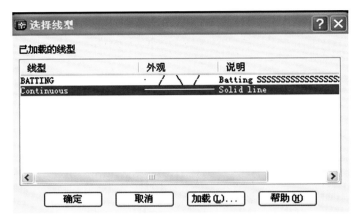

图 4-3

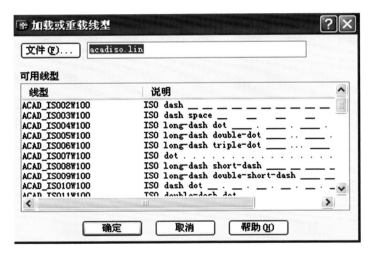

图 4-4

图 4-5

2. 将图形转移图层的方法

(1)选中该图形。
(2)右击空白处,弹出"特性"对话框,如图 4-6 所示。
(3)在"特性"对话框中的"图层"列表中选择所需图层。
(4)关闭对话框。

注:对象特性包含一般特性和几何特性,一般特性包括对象的颜色、线型、图层及线宽等,几何特性包括对象的尺寸和位置。可以直接在"特性"对话框中设置和修改对象的特性。

在实际绘图时,为了便于操作,主要通过"图层"工具栏(见图 4-7)和"对象特性"工具栏(见图 4-8)实现图层切换,这时只需选择要将其设置为当前图层的图层名称即可。

特性匹配:把一个物体的特性覆盖到另一个物体上,可以使用多次。

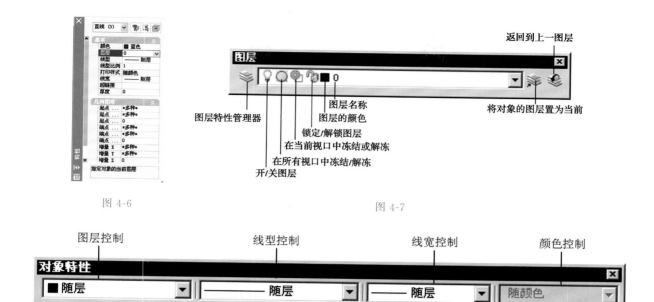

图 4-6

图 4-7

图 4-8

4.2　绘制建筑平面图

建筑平面图如图 4-9 所示,其绘制步骤如下。

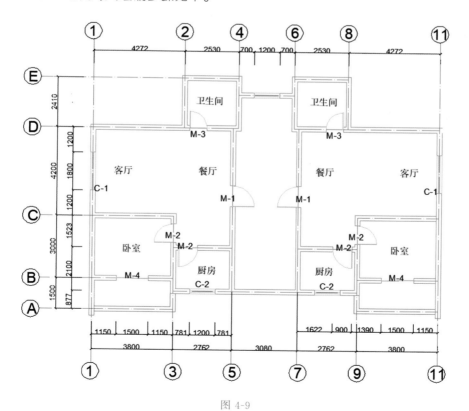

图 4-9

第 1 步:新建图层

(1)新建图层。

打开"图形特性管理器"对话框,快捷键为 LA,创建"轴线、墙线、门窗、阳台、尺寸、楼梯、文字、轴线编号"图层,设置图层参数,如图 4-10 所示。

(2)设置对象捕捉模式选项。

将鼠标移动到状态栏的"对象捕捉"按钮上,右击鼠标,在弹出的快捷菜单中选择"设置"命令,在弹出的对话框中勾选"端点""交点""垂足"三个对象捕捉模式。

第 2 步:绘制轴线

(1)设置"轴线"图层为当前图层,单击图 4-11 所示的下拉列表,单击"轴线"图层,列表收回,设置完成。

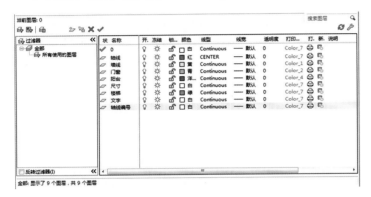

图 4-10　　　　　　　　　　　　　　　　　　图 4-11

(2)绘制外墙轴线。

在命令行中输入 L,执行直线命令。按 F8 键打开正交功能,根据给出尺寸绘制出外墙轴线,如图 4-12 所示。

根据已知尺寸图,绘制出内墙轴线,如图 4-13 所示。仍然执行直线命令,按 F8 键打开正交功能,得到最后轴线图。

修剪轴线,执行修剪、删除命令,修剪多余轴线,将上数第一条水平轴线向下偏移 800,生成楼梯间外墙轴线,长度为 1500,并在左下绘制出阳台轴线,宽度为 1500,结果如图 4-14 所示。

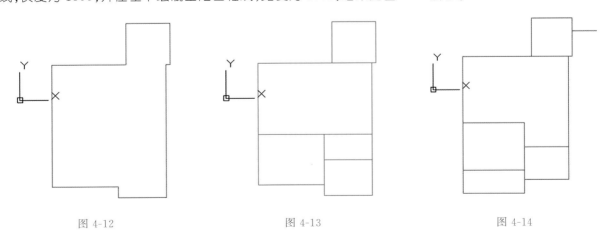

图 4-12　　　　　　　　　图 4-13　　　　　　　　　图 4-14

第 3 步:绘制墙线

(1)单击"图层特性过滤器"列表框,选择"墙线"图层,设置"墙线"图层为当前图层。

(2)设置多线样式参数,绘制墙线使用多线命令 ML,在绘制之前需要设置"比例""对正"两个参数(比例为 240,对正为无)。

(3)绘制外墙。

输入 ML,执行多线命令,按 F3 键打开"对象捕捉"开关,分别捕捉轴线交点 1,2,3,4,5,6,7,8,9,10,然后按 Enter 键结束命令,绘制结果如图 4-15 所示。

(4)绘制内墙。

执行多线命令,分别捕捉相应轴线交点绘制内墙,结果如图 4-16 所示。

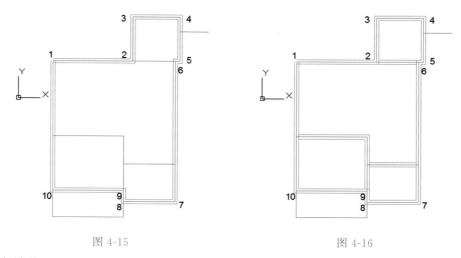

图 4-15　　　　　　　　　　　　　　　　图 4-16

(5)定长绘制墙线。

对于楼梯间外墙 AB,先捕捉轴线交点 A 作为起点,向右移动鼠标,输入线段 AB 的长度 1300,结果如图 4-17 所示。对于阳台外墙 123,先捕捉轴线交点绘制线段 12,再向下移动鼠标,输入线段 23 的长度 300,绘制结果如图 4-18 所示。

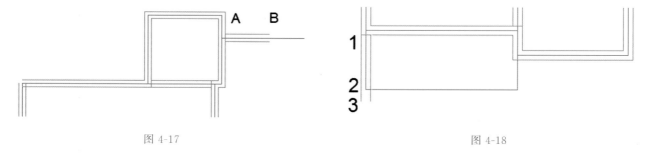

图 4-17　　　　　　　　　　　　　　　　图 4-18

(6)修剪墙角处多余墙线。

要修剪多线,首先要将墙线进行分解,单击"分解"按钮将多线拆解成单个线段,被分解的线段就可以通过"修剪"命令,进行修剪编辑。将所有的墙线有交叉的部分全部打通,如图 4-19 所示。

(7)补绘墙端的封口墙线。

对于没有封口的墙段,直接使用直线命令 L 绘制墙线,如图 4-20 中的 3 位置处。

(8)连接墙线。

如遇到图 4-21 所示墙线不相交的情况,可单击倒角按钮,输入 D,设置两个倒角距离均等于 0,然后选择要连接的线 1 和线 2,结果如图 4-22 所示。

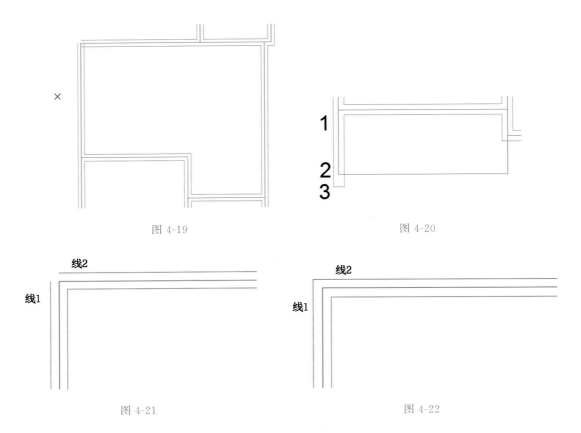

图 4-19

图 4-20

图 4-21

图 4-22

第 4 步:绘制门

(1)开门洞。

现以卧室门 M-2 为例说明门洞的开设步骤:

①执行"直线"命令,捕捉纵墙与横墙的交点,绘制线段 AB,如图 4-23 所示。

②执行"移动"命令,将 AB 向上移动 120,得到门洞口下端线,如图 4-24 所示。

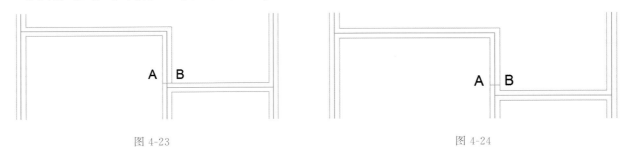

图 4-23

图 4-24

③执行偏移或复制命令,向上复制 AB,距离 900。(900 由 M-2 门的宽度尺寸而得。)

④执行修剪命令,修剪洞口上下端线间的墙线,如图 4-25 所示。

按上述方法,可开设其他门洞或窗洞。

(2)绘制平开门。

①首先将"门窗"图层设置为当前图层。

②执行矩形命令 REO,捕捉门洞口下端线的"中点"作为矩形的第一个角点,向右移动鼠标,设置长度为900,宽度为 30,绘制图 4-26 所示的门扇。

图 4-25　　　　　　　　　　　　　　　　　　　　图 4-26

③选择下拉菜单绘图/圆弧/起点、圆心、端点命令,分别捕捉门洞口的上下端线的中点 A、B 以及矩形的左下角点 C,作为圆弧的起点、圆心、端点,如图 4-27 所示。绘制结果如图 4-28 所示。

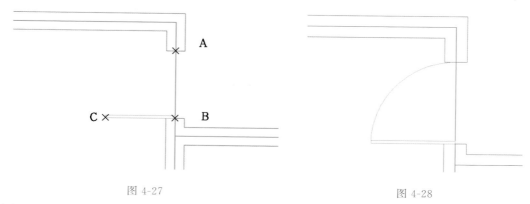

图 4-27　　　　　　　　　　　　　　　　　　　　图 4-28

(3)绘制推拉门。

以 M-5 为例绘制推拉门,步骤如下:

①执行矩形命令,捕捉门洞口左端线的中点为第一角点,输入相对坐标@800,30,结果如图 4-29 所示。

②执行矩形命令,捕捉门洞口右端线的中点为第一角点,输入相对坐标@－800,30,结果如图 4-30 所示。

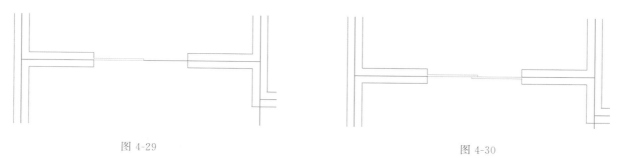

图 4-29　　　　　　　　　　　　　　　　　　　　图 4-30

第 5 步:绘制窗

(1)开窗洞。如同开门洞的方法,开设窗洞。

(2)创建平面窗的多线样式。新建一个 WINDOW 多线样式,创建一个四根多线,方法如前所述。

(3)绘制平面窗。设置当前图层为"门窗"图层。

输入 ML,执行多线命令,捕捉窗洞口左右两端线的中点,如图 4-31 所示。重复执行多线命令,绘制其他平面窗。

第 6 步：绘制阳台线

(1)设置当前图层为"阳台"图层。

(2)选择多线样式。选择【格式】|【多线样式】命令，在弹出的对话框中单击"样式"列表框，选择"STANDARD"样式，单击"置为当前"按钮，将"STANDARD"设置为当前多线样式。单击"确定"按钮，完成多线设置操作。

(3)绘制多线。

先将"轴线"图层设置为"开"状态，输入命令 ML，捕捉轴线与墙线的交点绘制阳台线，绘制结果如图 4-32 所示。再设置"轴线"图层为"关"状态。

第 7 步：标注尺寸

(1)设置当前图层为"尺寸"图层。

(2)设置尺寸样式。

按之前学习的方法，进行"建筑"标注样式的新建和参数的设置，并将"建筑"样式设置为当前标注样式。

(3)标注轴线尺寸。

标注尺寸前先将"轴线"图层设为"开"状态。

选择【标注】|【快速标注】命令，选择要标注的垂直轴线 1、2、3，按 Enter 键结束选择状态。向下移动鼠标到尺寸线位置，单击鼠标左键，标注结果如图 4-33 所示。

图 4-31

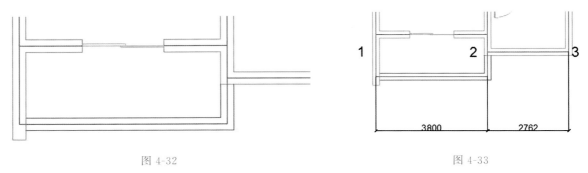

图 4-32

图 4-33

重复上述操作，标注左侧和上侧轴线的尺寸，如图 4-34 所示。

(4)标注外墙门窗洞口尺寸。

先将"门窗""阳台"图层设置为"关"状态。

执行快速标注，先选中要标注的轴线，再选中几个门窗洞口的两个端线。图 4-35 所示虚线为部分选择的轴线和端线。

选择完毕后，按 Enter 键结束选择状态。向下拖动鼠标到尺寸线位置后，单击鼠标左键，完成标注操作，结果如图 4-36 所示。

(5)编辑尺寸标注。

标注后的门窗尺寸有些混乱，编辑主要是使它们看起来美观整齐。

常用的方法为夹点编辑法，点选要编辑的标注尺寸，用鼠标分别单击要编辑的文字或标注的尺寸界线，使其变为热点，向下移动鼠标就可以将其移动到需要的位置，将所有尺寸界线端点全部移动到一条水平辅助线上，编辑结果如图 4-37 所示。后将水平辅助线删除。

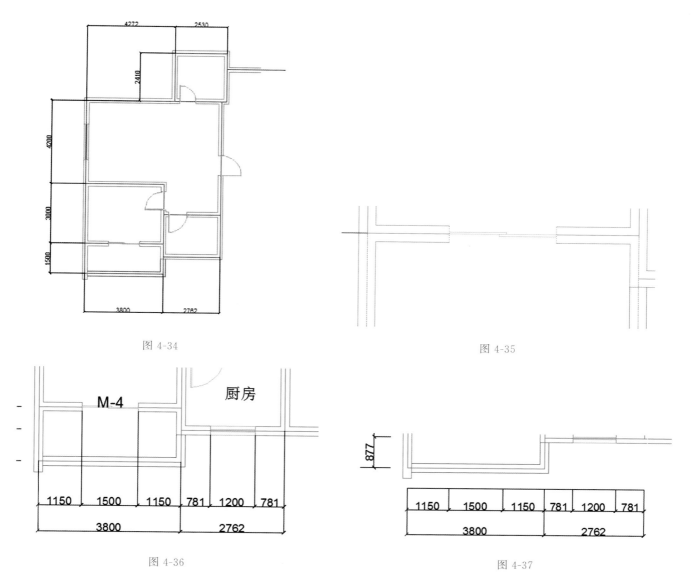

图 4-34

图 4-35

图 4-36

图 4-37

第 8 步:注释文字

(1)设置当前图层为"文字"图层。

(2)新建文字样式。

新建"数字"和"仿宋"两种文字样式,其中"数字"文字样式的"字体"为"Simplex. shx",仿宋文字样式的"字体"为"仿宋_CB2312"。

(3)注释门窗编号。

将"数字"设置为当前文字样式。

在命令行中输入"DT",执行"单行文字"命令。设置字体高度为 300、旋转角度为 0,分别点取门窗编号位置,然后输入 M-1、M-2 等编号名称,如图 4-38 所示。

(4)注释房间名称。

将"仿宋"设置为当前文字样式。

在命令行中输入"DT",执行"单行文字"命令,设置字体高度为 400,旋转角度为 0,分别点取文字位置,然后输入卧室、客厅等名称,结果如图 4-39 所示。

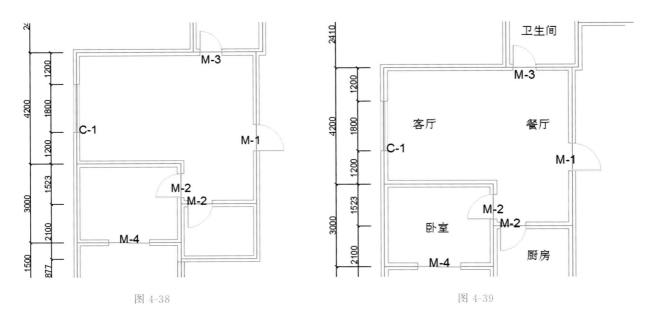

图 4-38　　　　　　　　　　　　　　　　　　图 4-39

第 9 步:生成标准层平面图

(1)镜像生成单元平面图。

首先将所有图层设置为"开、解锁、解冻"状态,然后调整视图窗口,可观察到所要编辑的图形,设置参数"mirrtext＝0"。

单击修改工具栏的 按钮,执行镜像命令。框选除左侧尺寸标注以外的所有图形对象,以最右的轴线为镜像轴,镜像结果如图 4-40 所示。

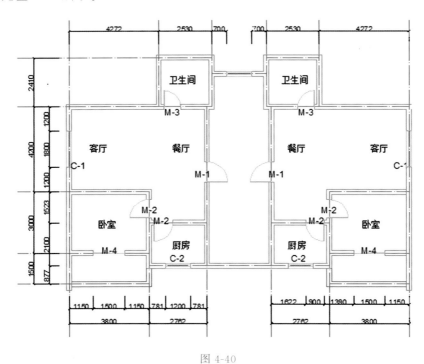

图 4-40

(2)修剪分户墙。

在镜像后的图形中连接墙线,完成楼梯间区域。

(3)绘制楼梯间窗户。

分别执行开窗洞口、绘制平面窗、标注编号等操作,结果如图 4-41 所示。

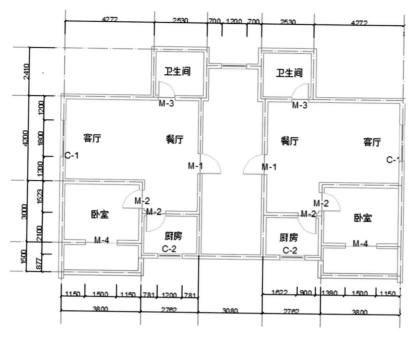

图 4-41

(4)绘制轴线编号。

①设置"轴线编号"为当前图层。

②执行圆命令,绘制一个半径为 400 的圆。

③设置当前文字样式为"数字"。在命令行中输入 DT,执行单行文字命令,设置字体高度为 500,输入数字 1,再将数字 1 移动到圆内。

④绘制一条辅助线,执行延伸命令,将轴线延伸到该直线处。将已绘制的轴线号移动到最左侧轴线处,如图 4-42 所示。

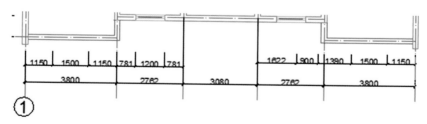

图 4-42

⑤执行复制命令,分别捕捉轴线的端点执行多重复制,将绘制的轴线号复制到各轴线端部,如图 4-43 所示。

⑥编辑轴线号。双击第二条竖线的轴号,激活到文字编辑状态,将 1 修改为 3。同理修改其他轴线号,修改后的结果如图 4-44 所示。

(5)阵列生成标准层平面图。

如图 4-45 所示,以单元图为对象进行阵列。

执行阵列命令,选择出左侧尺寸以外的所有图形,阵列参数为:行数为 1,列数为 3,列距离为 18800。阵列结果如图 4-46 所示。

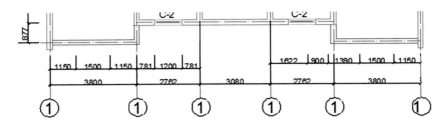

图 4-43

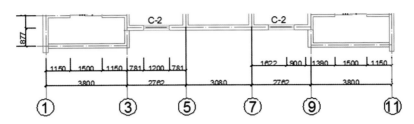

图 4-44

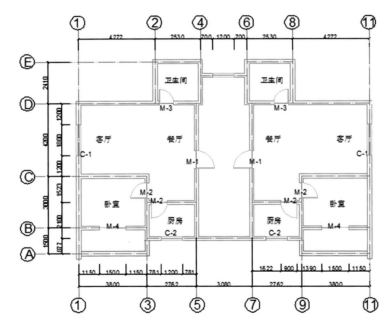

图 4-45

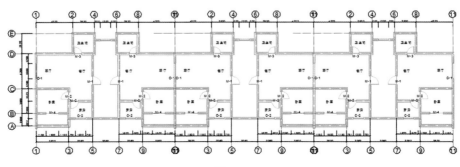

图 4-46

第 10 步:后期处理

(1)修改轴线的线型比例。

①执行方式:

菜单栏:【格式】|【线型】。

命令行:输入 LINETYPE 或 LT。

②操作说明:

执行命令后,弹出"线型管理器"对话框。单击"显示细节"按钮,"线型管理器"对话框下部显示"详细信息"选项区,如图 4-47 所示。

图 4-47

修改"全局比例因子"的数值,可改变非连续型线型的显示比例。图 4-48 所示为全局比例因子分别是 20、40 时轴线线型的显示效果。

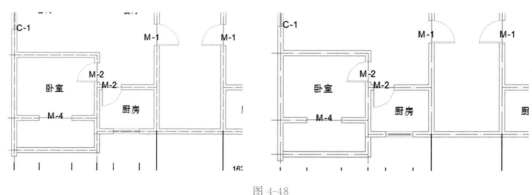

图 4-48

(2)设置"墙线"图层的线宽。

单击"图层特性管理器"按钮,或者选择菜单栏中的【格式】|【图层命令】,在弹出的"图层特性管理器"对话框中,单击"墙线"图层右侧的"线宽"栏,弹出"线宽"对话框。选择 0.40 毫米,单击"确定"按钮退出对话框。

设置完成后,图形窗口并没有变化。单击状态栏中的"线宽" ＋ 按钮,激活线宽功能,此时线宽参数才可生效。

课 后 练 习 题

绘制图 4-49 所示的平面图。

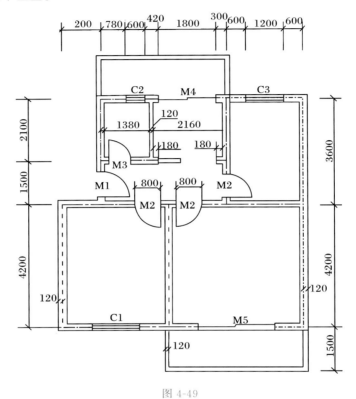

图 4-49

Jianzhu AutoCAD Xiangmuhua Jiaocheng

项目五

建筑立面图的绘制

第1步:准备工作

(1)新建图形文件。单击"新建"按钮,或选择菜单栏中的【文件】|【新建】命令,新建一个图形文件。然后单击"保存"按钮,在弹出的图形另存为对话框中输入文件名为"立面图"。

(2)插入平面图。

选择菜单栏中的【插入】|【块】命令,弹出"插入"对话框。插入项目四绘制的平面图。

(3)新建"标高"图块。设置"标高"为当前图层。创建一个名称为"标高"的带属性的图块。其中三角形高度等于300。

第2步:绘制辅助线

(1)绘制水平辅助线。

①将"0"图层设置为当前图层。

②将除"墙线""阳台"图层外的所有图层设置为"关"状态。

③执行直线命令绘制一条水平直线,将该直线向下偏移900,向上偏移1500,形成三条水平辅助线,如图5-1所示。

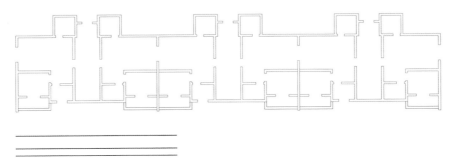

图 5-1

④调整视图窗口,结果如图5-2所示。

(2)绘制竖向辅助线。

①执行直线命令,分别捕捉平面图外墙上门窗的端点,绘制竖向辅助线,如图5-3所示。

②执行修剪命令,修剪多余线段,形成门窗轮廓线,结果如图5-4所示。

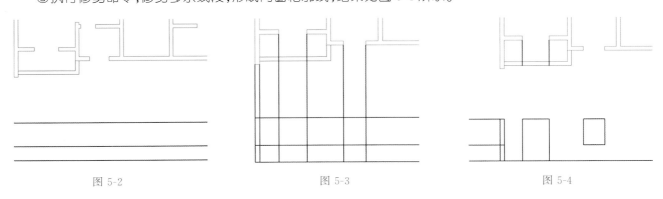

图 5-2　　　　　　　图 5-3　　　　　　　图 5-4

第3步:绘制门窗

(1)转换图层。

①先选择门窗轮廓线,再单击 的右侧按钮,在弹出的下拉列

表框中选择"立面门窗"图层,将所选图形由"0"图层转换到"立面门窗"图层。

②重复上述操作,将突出的墙垛投影线转换为"墙线"图层。

③单击图层列表,选择"立面门窗"图层,将"立面门窗"图层设置为当前图层。

(2)绘制门窗。

①执行直线命令,捕捉水平线的中点,绘制一条竖线,如图5-5所示。

②执行矩形命令,先绘制一个矩形,如图5-6所示。

③执行直线命令,在矩形内部绘制两条短斜线,作为玻璃示意线,如图5-7所示。

④执行镜像命令,将矩形与玻璃示意线镜像,结果如图5-8所示。

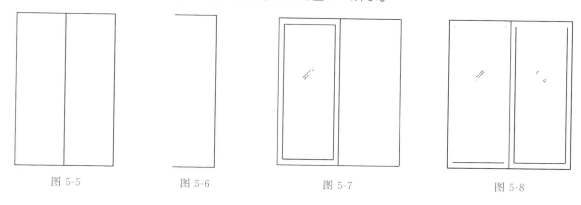

图5-5　　　　图5-6　　　　图5-7　　　　图5-8

第4步:绘制阳台

(1)图层设置。

①设置"阳台"图层为当前图层。

②设置"立面门窗"图层为"关"状态。

(2)绘制阳台。

①将最下面的水平辅助线,分别向上偏移1100,向下偏移400。

②执行直线命令,捕捉平面图中阳台的右端点,绘制竖向辅助线,如图5-9所示。

③执行延伸命令,将墙线向下延伸400。采用夹点编辑法,将墙线向上延伸200。

④将右侧竖向辅助线向左偏移100。

⑤执行修剪命令,编辑结果如图5-10所示。

⑥可根据阳台立面要求,绘制阳台图案,如图5-11所示。

图5-9　　　　　图5-10　　　　　图5-11

(3)绘制立面门窗。

①设置"立面门窗"图层为"开"状态,显示结果如图5-12所示。

②执行修剪命令,修剪掉被阳台栏板所遮住的门窗线,修剪结果如图5-13所示。

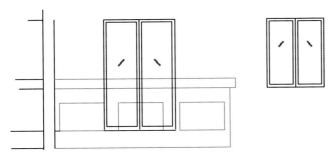

图 5-12

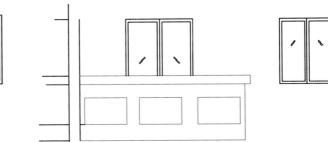

图 5-13

第 5 步:生成立面图

(1)图层设置。

①设置"0"图层为"关"状态。

②设置"轴线"图层为"开"状态,以两房中间墙线的中点轴线为镜像轴,调整视图如图 5-14 所示。

(2)镜像生成单元立面。

执行镜像命令,选择所绘制的立面图形,以分户轴线为镜像轴,镜像结果如图 5-15 所示。

(3)阵列生成立面。

执行阵列命令,选择镜像生成的单元立面图形为阵列对象,阵列参数如图 5-16 所示。

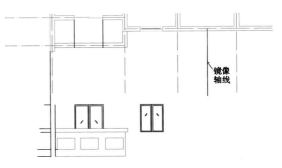

图 5-14

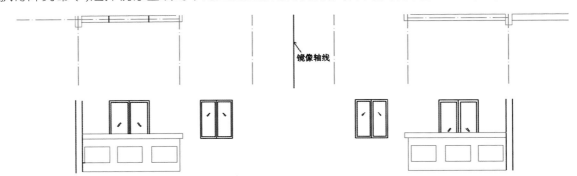

图 5-15

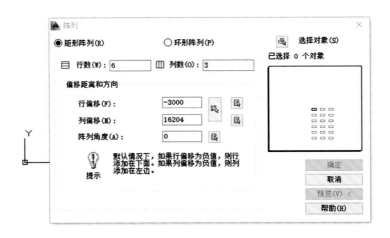

图 5-16

阵列效果如图 5-17 所示。

（4）删除平面图。

将所有图层设置为"开"状态。只保留两端山墙处的轴线及其编号,将平面图中的其他图形对象删除。然后,执行移动命令,将山墙轴线及其编号向下移动,如图 5-18 所示。

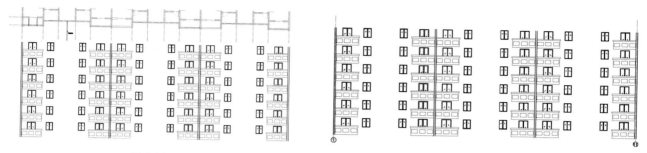

图 5-17　　　　　　　　　　　　　　　　图 5-18

（5）绘制室外地坪线。

①执行多段线命令,设置线宽为 100,捕捉山墙端点,绘制室外地坪线。

②向下移动 200,并向外拉伸地坪线,如图 5-19 所示。

（6）绘制屋顶。

将"屋顶"图层设置为当前图层,绘制屋顶如图 5-20 所示。

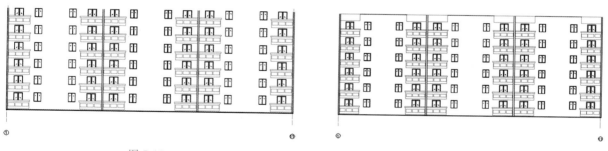

图 5-19　　　　　　　　　　　　　　　　图 5-20

（7）标注标高。

在原水平辅助线处插入"标高"图块。插入时,根据提示输入当前的标高值。标注后的结果如图 5-21 所示。

图 5-21

（8）清理。

执行清理命令,在弹出的对话框中单击"全部清理"按钮,将不使用的图层、图块等图形对象清理掉,减少图形文件所占用的磁盘空间。

课 后 练 习 题

○　　　○　　　○　　　○　　　○

绘制图 5-22 所示的客厅 A、B、C、D 的立面图。

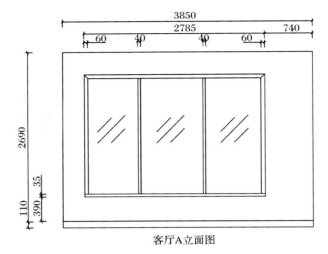

客厅A立面图

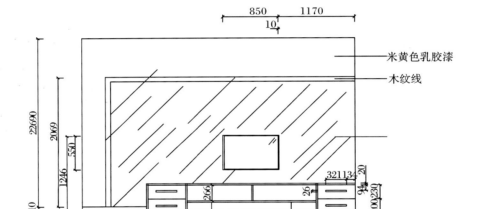

客厅B立面图

米黄色乳胶漆

木纹线

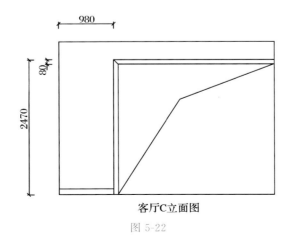

客厅C立面图

图 5-22

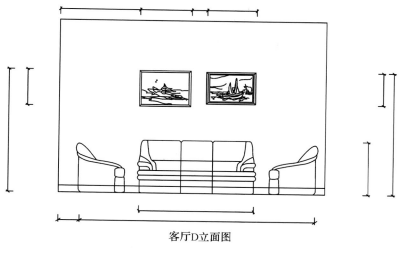

客厅D立面图

续图 5-22

Jianzhu AutoCAD Xiangmuhua Jiaocheng

项目六
三维建模

任务 1
绘制办公桌

6.1.1　知识点讲解

1.三维建模界面

单击工作空间向下的三角形按钮,从下拉菜单中选择"三维建模"(见图6-1),即可将二维建模界面切换到三维建模界面。

在三维建模界面中,可以把一些经常用到的工具集中在"常用"选项卡里面,便于用户操作,如图6-2所示。

图 6-1　　　　　　　　　　　　　　　　　　　图 6-2

在三维建模界面中,若要调出菜单,可单击工作空间按钮,从下拉菜单中选择"显示菜单栏"命令(见图6-3),二维界面中的菜单就被调出。

在命令面板视图区,可以进行显示方式的切换。三维建模的显示方式有西南等轴测、东南等轴测、东北等轴测、西北等轴测,可以从不同的方位观察物体,如图6-4所示。

2.修改背景色

在绘图区单击鼠标右键,在弹出的快捷菜单中单击"选项"命令(见图6-5);或者在命令行中输入命令OP,打开"选项"对话框,如图6-6所示。

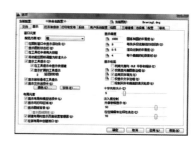

图 6-3　　　　　　　图 6-4　　　　　　　图 6-5　　　　　　　图 6-6

在"选项"对话框的"显示"选项卡下,单击"颜色"按钮,打开"图形窗口颜色"对话框。在该对话框中,"上下文"选择"二维模型空间","界面元素"选择"统一背景",如图 6-7 所示。在"颜色"下面选择需要设置的颜色,如图 6-8 和图 6-9 所示。单击"应用并关闭"按钮。

3. 三维视觉样式

在命令面板视图区单击向下的三角形按钮,显示视觉样式,如图 6-10 所示。

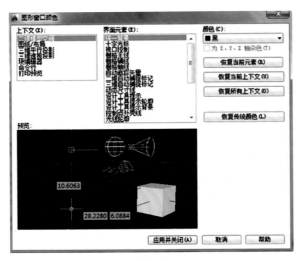

图 6-7

图 6-8

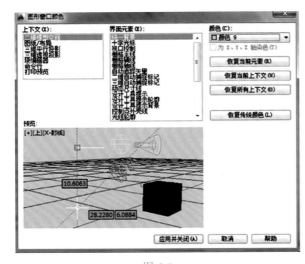

图 6-9

图 6-10

二维线框　通过使用直线和曲线表示边界显示对象的方式。

概念　使用平滑着色和古氏面样式显示对象。古氏面样式在冷暖颜色而不是明暗效果之间转换。效果缺乏真实感,但是可以方便地查看模型的细节。

隐藏　使用线框表示法显示对象,而隐藏表示背面的线。

真实　使用平滑着色和材质显示对象。

着色　使用平滑着色显示对象。

带边缘着色　使用平滑着色和可见边显示对象。

灰度　使用平滑着色和单色灰度显示对象。

勾画　使用线延伸和抖动边修改器显示手绘效果的对象。

线框　通过使用直线和曲线表示边界的方式显示对象。

X 射线　以局部透明度显示对象。

4. 绘制长方体

调用长方体命令方法：

- 命令行：输入 BOX。
- 工具栏：▣。
- 菜单栏：【绘图】|【实体】|【长方体】命令。

执行该命令后，AutoCAD 依次提示：

BOX 指定第一个角点或 [中心点(C)]：

BOX 指定其它角点或 [立方体(C)/长度(L)]：

BOX 指定高度或 [两点(P)]：

操作要点讲解：

第一步指定角点用于定位长方体位置，后面的操作用来确定长方体的长、宽、高。

确定长、宽、高的方法：

（1）指定空间另一个角点，确定长、宽、高。

（2）通过指定底面另一个角点，确定长、宽，然后指定高度。

（3）直接指定长、宽、高。

（4）立方体长、宽、高相等。

（5）指定立方体中心点来定位，确定长、宽、高方法和上面的相同。

5. 绘制球体

调用方法：

- 命令行：输入 SPHERE。
- 菜单栏：在菜单栏中选择【绘图】|【建模】|【球体】命令。
- 工具栏：◯ 。

执行该命令后，AutoCAD 依次提示：

SPHERE 指定中心点或 [三点(3P)/两点(2P)/切点、切点、半径(T)]：

6. 绘制圆柱体

调用方法：

- 命令行：输入 SYLINDER。
- 菜单栏：在菜单栏中选择【绘图】|【建模】|【圆柱体】命令。
- 工具栏：▢。

执行该命令后，AutoCAD 依次提示：

SYLINDER 指定底面的中心点或 [三点(3P)/两点(2P)/切点、切点、半径(T)/椭圆(E)]：

操作要点：

三点(3P)，两点(2P)，切点、切点、半径(T)，椭圆(E)是绘制圆柱体底面圆的方式。选择椭圆(E)就是绘制椭圆作为圆柱体的底面。

7. 绘制圆锥体

调用方法：

- 命令行：输入 CONE。
- 菜单栏：在菜单栏中选择【绘图】|【建模】|【圆锥体】命令。

● 工具栏:△。

执行该命令后,AutoCAD 依次提示:

CONE 指定底面的中心点或 [三点(3P)/两点(2P)/切点、切点、半径(T)/椭圆(E)]:

操作要点:

三点(3P),两点(2P),切点、切点、半径(T),椭圆(E)是绘制圆锥体底面圆的方式。选择椭圆(E)就是绘制椭圆作为圆锥的底面。

8. 绘制楔体

调用方法:

● 命令行:输入 WEDGE。
● 菜单栏:在菜单栏中选择【绘图】|【建模】|【楔体】命令。
● 工具栏:◣。

执行该命令后,AutoCAD 提示:

WEDGE 指定第一个角点或[中心 C]:

9. 绘制棱锥体

调用方法:

● 命令行:输入 PYRAMID。
● 菜单栏:在菜单栏中选择【绘图】|【建模】|【棱锥体】命令。
● 工具栏:◇。

执行该命令后,AutoCAD 提示:

PYRAMID 指定底面的中心点或[边(E)/侧面(S)]:

操作要点:

(1)棱锥体的底面是正多边形,数量由侧面(S)定义;

(2)正多边形有内接和外切两种方式,绘制方法和二维界面绘制正多边形相同;

(3)棱锥体的高由两点、轴端点、顶面半径 3 种方式绘制,顶面半径如果不是 0,绘制的就是棱锥台。

10. 绘制圆环体

调用方法:

● 命令行:输入 TORUS。
● 菜单栏:在菜单栏中选择【绘图】|【建模】|【圆环体】命令。
● 工具栏:◎ 。

执行该命令后,AutoCAD 提示:

TORUS 指定中心点或[三点(3P)/两点(2P)/切点、切点、半径(T)]:

11. 用户坐标系的设置

调用方法:

● 命令行:输入 UCS。

执行该命令后,AutoCAD 提示:

UCS 指定 ucs 的原点或[面(F)/命名(NA)/对象(OB)/上一个(P)/视图(V)/世界(W)/XYZ /Z 轴(ZA)]< 世界> :

操作要点:

(1)指定新 UCS 的原点:将原坐标系平移到指定原点处,新坐标系的坐标轴与原坐标系的坐标轴方向相同。

使用一点、两点或三点定义一个新的 UCS:

如果指定单个点,当前 UCS 的原点将会移动,而不会更改 X、Y 和 Z 轴的方向。

如果指定第二个点,则 UCS 将旋转以使正 X 轴通过该点。

如果指定第三个点,则 UCS 将围绕新 X 轴旋转来定义正 Y 轴。

这三点可以指定原点、正 X 轴上的点以及正 XY 平面上的点,如图 6-11 所示。

如果在输入坐标时未指定 Z 坐标值时,则使用当前 Z 值。

(2)面(F):将 UCS 的 Z 向与实体对象的选定面法线方向对齐。

(3)对象(OB):将 UCS 与选定的二维或三维对象对齐。

UCS 可与任何对象类型对齐(除了参照线和三维多段线)。将光标移到对象上,以查看 UCS 将如何对齐的预览,并单击以放置 UCS。大多数情况下,UCS 的原点位于离指定点最近的端点,X 轴将与边对齐或与曲线相切,并且 Z 轴垂直于对象对齐,如图 6-12 所示。

(4)上一个(P):恢复上一个 UCS。可以在当前任务中逐步返回最后 10 个 UCS 设置。对于模型空间和图纸空间,UCS 设置单独存储。

(5)视图(V):将 UCS 的 XY 平面与垂直于观察方向的平面对齐。原点保持不变,但 X 轴和 Y 轴分别变为水平和垂直,如图 6-13 所示。

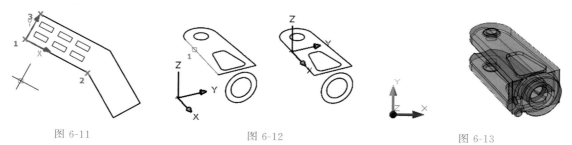

图 6-11　　　　　　　　图 6-12　　　　　　　　图 6-13

(6)世界(W):将 UCS 与世界坐标系(WCS)对齐。

(7)XYZ:绕指定轴旋转当前 UCS。

旋转方向的确定遵守右手螺旋法则,例如将右手拇指指向 X 轴的正向,卷曲其余四指,其余四指所指的方向即绕轴的正旋转方向。

(8)Z 轴(ZA):将 UCS 与指定的正 Z 轴对齐。

(9)<世界>:将当前用户坐标系设置为世界坐标系。

6.1.2　办公桌的绘制

办公桌尺寸和形状如图 6-14 所示。

绘制步骤:

(1)绘制桌面,西南等轴测视图,绘制长方体,在命令行中输入 BOX 命令:

指定第一个角点或【中心(C)】:0,0,0

指定其他角点或【立方体(C)/长度(L)】:@1200,600,15,如图 6-15 所示。

(2)绘制收边,在命令行中输入 BOX 命令:

捕捉前面绘制的长方体左下角点作为指定第一个角点,指定其他角点或【立方体(C)/长度(L)】:@1200,-15,25,如图 6-16 所示。

(3)绘制桌腿长方体,在命令行中输入 BOX 命令:

捕捉前面绘制的桌面长方体左上角点作为指定第一个角点,指定其他角点或【立方体(C)/长度(L)】:@-15,-500,-700,如图 6-17 所示。

(4)移动桌腿,输入移动命令 M,选择桌腿长方体一个顶点作为基准点,移动距离@25,-50,0 如图 6-18 所示。

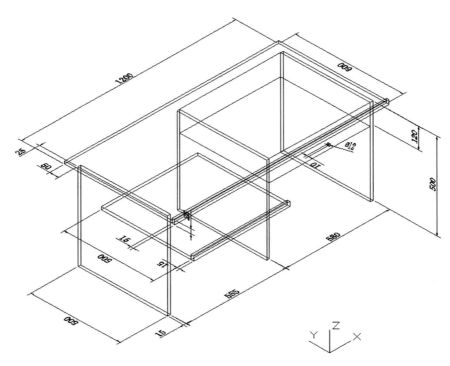

图 6-14

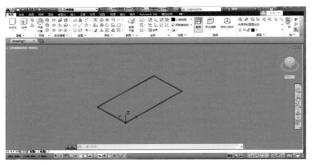

图 6-15

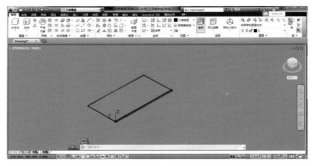

图 6-16

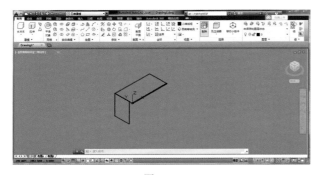

图 6-17

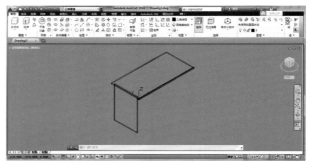

图 6-18

　　(5)复制桌腿,输入复制命令 CO,打开正交模式,沿着 X 方向移动距离分别为 555 和 1135,如图 6-19 所示。

　　(6)绘制键盘架,在命令行中输入 BOX 命令:

　　捕捉前面绘制的桌腿长方体右上边线最近点作为指定第一个角点,如图 6-20(a)所示,指定其他角点或【立方体(C)/长度(L)】:@540,−500,−15,如图 6-20(b)所示。

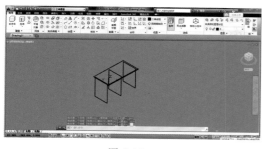

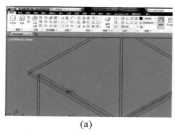

(a)

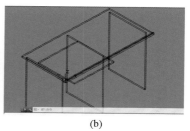

(b)

图 6-19

图 6-20

(7)移动键盘架,在命令行中输入移动命令 M,沿着 Z 向负方向移动 160,如图 6-21 所示。

(8)绘制键盘架收边,在命令行中输入 BOX 命令:捕捉键盘架左下角顶点作为绘制长方体指定的第一个角点,指定其他角点或【立方体(C)/长度(L)】:@540,-15,25,如图 6-22 所示。

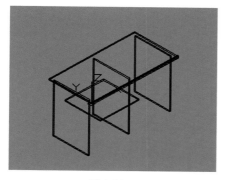

图 6-21

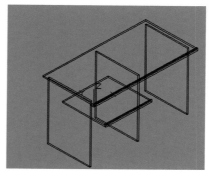

图 6-22

(9)绘制抽屉,在命令行中输入 BOX 命令,捕捉两个点作为长方体的两个角点,高度尺寸 200,如图 6-23 所示。

(10)在命令行中输入 UCS,设置用户坐标系原点到指定位置,设置 XY 方向,如图 6-24 所示。

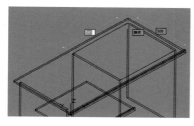

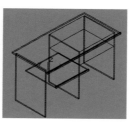

图 6-23

图 6-24

(11)绘制抽屉锁,在命令行中输入 CYLINDER,圆心为(0,0,0),半径为 8,高度为 20,如图 6-25 所示。

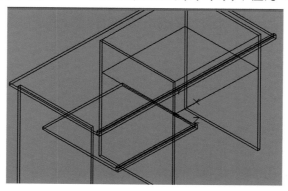

图 6-25

(12)移动抽屉锁到合适位置,在命令行中输入 M 命令,捕捉底面圆心为基准点,首先移动到抽屉 X 方向中点位置,再向上即 Z 向移动 100,如图 6-26 所示。

(13)修改视觉样式,用概念方式显示,结果如图 6-27 所示。

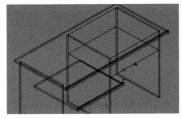 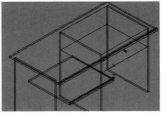

图 6-26

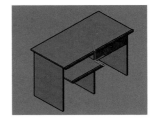

图 6-27

课 后 练 习 题

绘制图 6-28,并标注尺寸。

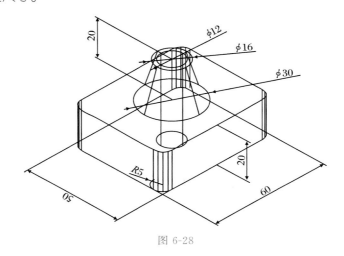

图 6-28

任务 2
汤 勺 建 模

6.2.1 知识点

1. 拉伸命令

含义:通过延伸二维或三维曲线创建三维实体或曲面。

调用方法:

● 命令行:输入 EXTRUDE。

● 菜单栏:在菜单栏中选择【绘图】|【建模】|【拉伸】命令。

● 工具栏：⬜。

执行该命令后，AutoCAD 提示：

EXTRUDE 选择要拉伸的对象[或模式(MO)]：

主要步骤：

（1）选择要拉伸的对象：指定要拉伸的对象，如图 6-29 所示。按住 Ctrl 键可以加选。

（2）模式：控制拉伸对象是实体还是曲面。

（3）拉伸高度：沿正或负 Z 轴拉伸选定对象，如图 6-30 所示。方向基于创建对象时的 UCS，或（对于多个选择）基于最近创建的对象的原始 UCS。

（4）方向：用两个指定点指定拉伸的长度和方向。（方向不能与拉伸创建的扫掠曲线所在的平面平行。）

（5）路径：指定基于选定对象的拉伸路径，然后沿选定路径拉伸选定对象的轮廓以创建实体或曲面，如图 6-31 所示。

注意： 路径不能与对象处于同一平面，也不能具有高曲率的部分。如果路径包含不相切的线段，将沿每个线段拉伸对象，沿线段形成的角平分面斜接接头。

（6）倾斜角：指定拉伸的倾斜角，如图 6-32 所示。

选择对象

高度

路径
轮廓

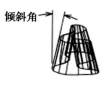
倾斜角

图 6-29　　　　图 6-30　　　　　　图 6-31　　　　　　　图 6-32

正角度表示从基准对象逐渐变细地拉伸，而负角度则表示从基准对象逐渐变粗地拉伸。

默认角度 0 表示在与二维对象所在平面垂直的方向上进行拉伸。所有选定的对象和环都将倾斜到相同的角度。

倾斜角：指定－90 度到＋90 度之间的倾斜角。

指定两个点：指定基于两个指定点的倾斜角。倾斜角是这两个指定点之间的距离。

（7）表达式：输入公式或方程式以指定拉伸高度。

2. 旋转命令

含义： 通过绕轴扫掠对象创建三维实体或曲面。

调用方法：

● 命令行：输入 REVOLVE。

● 菜单栏：在菜单栏中选择【绘图】|【建模】|【旋转】命令。

● 工具栏：☎。

执行该命令后，AutoCAD 提示：

REVOLVE 选择要旋转的对象[或模式(MO)]：

主要步骤：

（1）选择要选择的对象：指定要绕某个轴旋转的对象。

（2）模式：控制旋转动作是创建实体还是曲面。会将曲面延伸为 NURBS 曲面或程序曲面，具体取决于 SURFACEMODELINGMODE 系统变量。

（3）轴起点：指定旋转轴的第一个点。轴的正方向从第一点指向第二点。

（4）轴端点：设定旋转轴的端点。

（5）起点角度：为从旋转对象所在平面开始的旋转指定偏移。

(6)旋转角度:指定选定对象绕轴旋转的距离。

正角度将按逆时针方向旋转对象,负角度将按顺时针方向旋转对象。还可以拖动光标以指定和预览旋转角度。

(7)对象:指定要用作轴的现有对象。轴的正方向从该对象的最近端点指向最远端点。

> **注意:**按住 Ctrl 键的同时选择边来选择边子对象。

(8)X(轴):将当前 UCS 的 X 轴正向设定为轴的正方向。

(9)Y(轴):将当前 UCS 的 Y 轴正向设定为轴的正方向。

(10)Z(轴):将当前 UCS 的 Z 轴正向设定为轴的正方向。

(11)反转:更改旋转方向,类似于输入负角度值。

(12)表达式:输入公式或方程式以指定拉伸高度。

3.布尔运算

在 AutoCAD 中,三维实体可进行并集、差集、交集三种布尔运算,创建复杂实体。

1)并集运算

含义:将两个或多个三维实体、曲面或二维面域合并为一个复合三维实体、曲面或面域。

调用方法:

● 工具栏:◙。

● 命令行:输入 UNION。

操作步骤:

选择两个或更多相同类型的对象,按 Enter 键进行合并。

2)差集运算

含义:通过从另一个对象减去一个重叠面域或三维实体来创建为新对象。

调用方法:

● 命令行:输入 SUBTRACT。

● 工具栏:◎。

操作步骤:

选择要保留的对象,按 Enter 键,然后选择要减去的对象,按 Enter 键。

3)交集运算

含义:从两个或多个实体的公共部分创建复合实体并删除重叠以外的部分。

调用方法:

● 命令行:输入 INTERSECT。

● 工具栏:◙。

操作步骤:

选择两个或更多相同类型的对象后,按 Enter 键进行确认。

6.2.2　汤勺的绘制

(1)绘图准备:新建一个图形文件,选择公制,单位 mm,设置适当的图层、线型、颜色、绘图范围和绘图对象捕捉方式。

(2)绘制汤勺主视图:在二维绘图界面绘制两个椭圆,上椭圆尺寸是 20×40,下椭圆尺寸是 8×30,两椭圆中心距是 65,如图 6-33 所示。

（3）过上椭圆中心画两条和下椭圆相切的直线,如图 6-34 所示。

（4）倒圆角,倒角半径为 10,如图 6-35 所示。

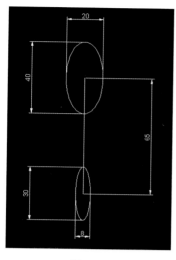
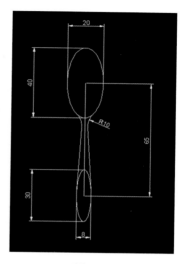

图 6-33　　　　　　　　　　图 6-34　　　　　　　　　　图 6-35

（5）删除多余的线和标注,如图 6-36 所示。

（6）绘制纵截面线,等分线段,插入点,通过捕捉点绘制样条线,如图 6-37 所示。

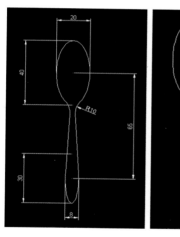

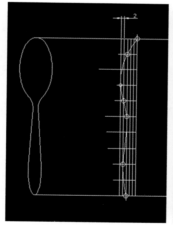
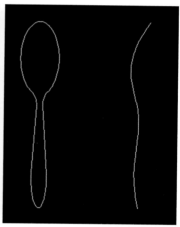

图 6-36　　　　　　　　　　　　　　　图 6-37

（7）绘制横截面线,绘制圆,中心相差 2,修剪得到 25 圆弧段,如图 6-38 所示。

（8）在命令行中输入 REGION 命令,将汤勺主视图和横截面视图做成面域,如图 6-39 所示。

（9）切换到东南轴等测三维坐标视图,如图 6-40 所示。

（10）在命令行中输入拉伸命令 EXT,选择汤勺面域,沿着 Z 向拉伸 20,如图 6-41 所示。

（11）在命令行中输入旋转命令 3DROTATE, 将横截面线绕 X 轴旋转 90°;在命令行中输入旋转命令 3DROTATE,将纵向路径线绕 Y 轴旋转 90°,如图 6-42 所示。

（12）在命令行中输入拉伸命令 EXT,沿着纵向路径线对横截面线进行拉伸得到实体,如图 6-43 所示。

（13）切换到俯视图,如图 6-44 所示。

（14）在命令行中输入移动命令 M,将汤勺实体移动到右边实体上;切换到三维,调整高度位置,确保汤勺被包含在右边实体中,如图 6-45 所示。

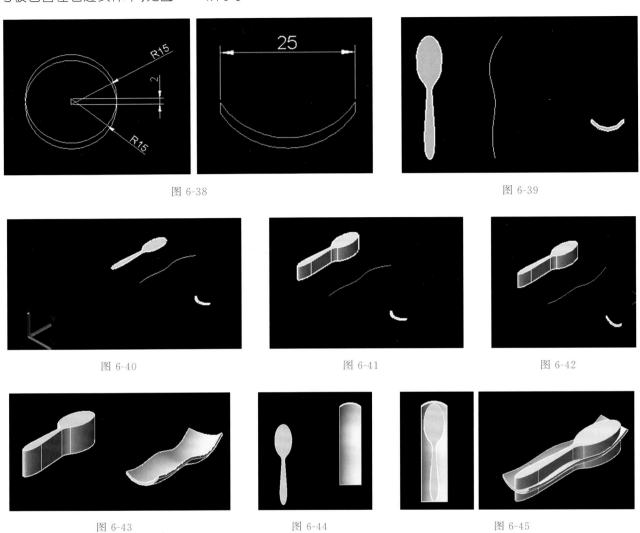

图 6-38

图 6-39

图 6-40

图 6-41

图 6-42

图 6-43

图 6-44

图 6-45

(15)在命令行中输入命令 INTERSECT,做两个实体交集操作,如图 6-46 所示。

(16)在命令行中输入倒圆角命令 F,做倒圆角操作,圆角半径 0.2,着色显示,如图 6-47 所示。

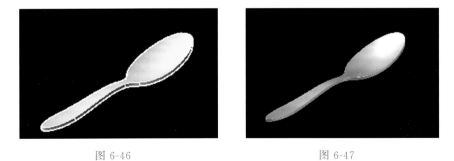

图 6-46

图 6-47

课 后 练 习 题

○　　○　　○　　○　　○

绘制图 6-48 所示的三维模型并标注尺寸。

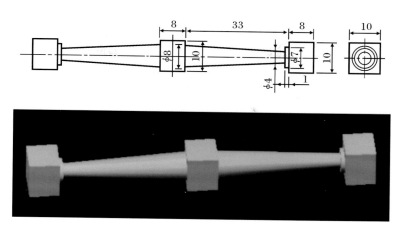

图 6-48

任务 3
绘制公告牌

6.3.1　知识点讲解

1. 扫掠命令

含义：二维对象或者三维对象或子对象沿路径拉伸创建三维实体或曲面。拉伸命令是扫掠命令的特例，路径是直线而已。

调用方法：

● 命令行：输入 SWEEP。

● 菜单栏：在菜单栏中选择【绘图】|【建模】|【扫掠】命令。

● 工具栏：⬗。

执行该命令后，AutoCAD 提示：

SWEEP 选择要扫掠的对象 [或模式(MO)]：

主要步骤：

(1)选择要扫掠的对象：指定要用作扫掠截面轮廓的对象。

(2)扫掠路径：基于选择的对象指定扫掠路径。

(3)模式：控制扫掠动作是创建实体还是创建曲面。会将曲面扫掠为 NURBS 曲面或程序曲面，具体取决于 SURFACEMODELINGMODE 系统变量。

(4)对齐：指定是否对齐轮廓以使其作为扫掠路径切向的法向。

如果轮廓与路径起点的切向不垂直(法线未指向路径起点的切向)，则轮廓将自动对齐。出现对齐提示时输入 NO 以避免该情况的发生。

(5)基点：指定要扫掠对象的基点。

(6)比例：指定比例因子以进行扫掠操作。从扫掠路径的开始到结束，比例因子将统一应用到扫掠的对象。

（7）参照：通过拾取点或输入值来根据参照的长度缩放选定的对象。

（8）扭曲：设置被扫掠的对象的扭曲角度。扭曲角度指定沿扫掠路径全部长度的旋转量。

（9）倾斜：指定将扫掠的曲线是否沿三维扫掠路径（三维多段线、样条曲线或螺旋）自然倾斜（旋转）。

2. 放样命令

含义： 通过指定一系列横截面来创建三维实体或曲面。横截面定义了结果实体或曲面的形状。至少需要指定两个横截面。

主要步骤：

（1）按放样次序选择横截面：按曲面或实体将通过曲线的次序指定开放或闭合曲线。

（2）点：指定放样操作的第一个点或最后一个点。如果以"点"选项开始，接下来必须选择闭合曲线。

（3）合并多条边：将多个端点相交的边处理为一个横截面。

（4）模式：控制放样对象是实体还是曲面。

（5）连续性：仅当 LOFTNORMALS 系统变量设定为 1（平滑拟合）时，此选项才显示。指定在曲面相交的位置连续性为 G0、G1 或 G2。

（6）凸度幅值：仅当 LOFTNORMALS 系统变量设定为 1（平滑拟合）时，此选项才显示。为连续性为 G1 或 G2 的对象指定凸度幅值，如图 6-49 所示。

（7）导向：指定控制放样实体或曲面形状的导向曲线。可以使用导向曲线来控制点如何匹配相应的横截面，以防止出现不希望看到的效果，例如结果实体或曲面中的皱褶。

与每个横截面相交，始于第一个横截面，止于最后一个横截面，为放样曲面或实体选择任意数目的导向曲线，然后按 Enter 键，如图 6-50 所示。

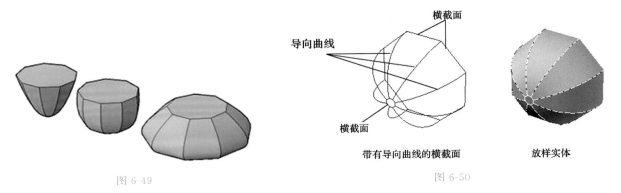

图 6-49   图 6-50

（8）路径：指定放样实体或曲面的单一路径。

注意： 路径曲线必须与横截面的所有平面相交，如图 6-51 所示。

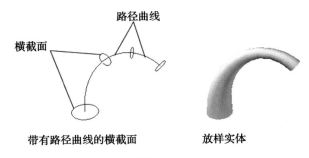

图 6-51

(9)仅横截面:在不使用导向或路径的情况下,创建放样对象。

(10)设置:显示"放样设置"对话框。

6.3.2 公告牌的绘制

公告牌的尺寸图和效果图如图 6-52 所示。

(1)打开 AutoCAD,在三维建模界面下,切换视图到二维左视图,然后绘制图 6-53 所示图形。

(2)在命令行中输入倒圆角命令 F,圆角半径为 40,如图 6-54 所示。

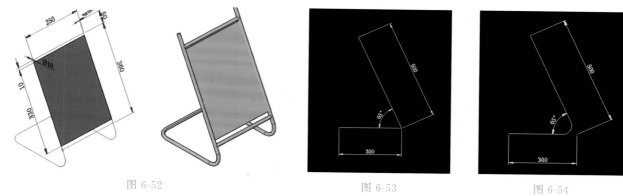

图 6-52   图 6-53   图 6-54

(3)视图切换到西南等轴测三维视图,在命令行中输入复制命令 CO,复制上面对象,沿着 X 方向移动 250,如图 6-55 所示。

(4)在命令行中输入直线绘制命令 L,连线,如图 6-56 所示。

(5)在命令行中输入倒圆角命令 F,圆角半径为 40,如图 6-57 所示。

图 6-55   图 6-56   图 6-57

(6)在命令行中输入连接命令 JION,分段连接,如图 6-58 所示。

(7)在命令行中输入 UCS 用户坐标设置命令,设置 UCS;输入圆绘制命令 C,在上端点绘制 2 个半径为 5 的圆,如图 6-59 所示。

(8)在命令行中输入 UCS 用户坐标设置命令,设置 UCS 如图 6-60 所示。

(9)在命令行中输入直线绘制命令 L,绘制直线,捕捉端点,设置相对坐标@50,0,如图 6-61 所示。

(10)在命令行中输入复制命令 CO,打开正交,沿着 X 方向复制直线 X 向距离 10,再复制一个 X 向距离 360 的直线,如图 6-62 所示。

(11)在命令行中输入 UCS 用户坐标设置命令,设置 UCS,绘制 2 个半径为 5 的圆,如图 6-63 所示。

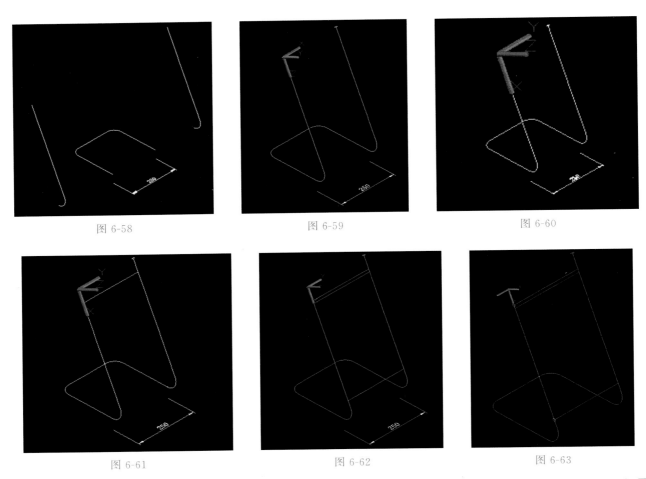

图 6-58 图 6-59 图 6-60

图 6-61 图 6-62 图 6-63

（12）在命令行中输入 UCS 用户坐标设置命令，设置 UCS，如图 6-64 所示，绘制一个半径为 5 的圆，如图 6-65 所示。

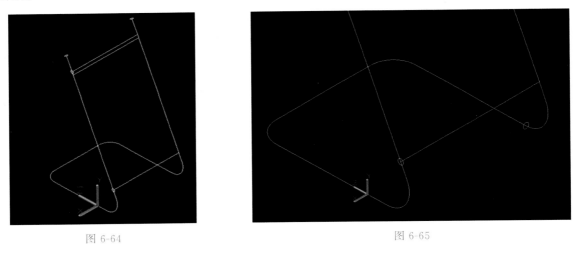

图 6-64 图 6-65

（13）在命令行中输入扫掠命令 SWEEP，通过扫掠生成实体，如图 6-66 所示。

（14）在命令行中输入 UNION，执行布尔求和运算，如图 6-67 所示。

（15）在命令行中输入 UCS 用户坐标系设置命令，设置 UCS，如图 6-68 所示。

（16）在命令行中输入拉伸命令 EXT，拉伸直线生成平面，拉伸距离为 330，如图 6-69 所示。

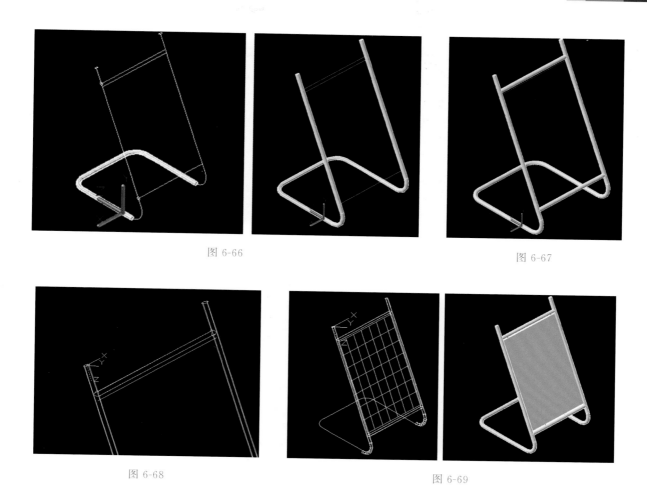

图 6-66　　　　　　　　　　图 6-67

图 6-68　　　　　　　图 6-69

（17）单击"工具"菜单下的"选项"命令,打开"选项"对话框,单击"显示"选项卡中的"颜色"按钮,在打开的对话框中设置背景色为白色,如图 6-70 所示;选择实体,单击右键,在快捷菜单中选择"特性",通过特性面板设置实体颜色,如图 6-71 所示。

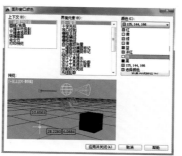

图 6-70　　　　　　　　　　　　　　　图 6-71

课后练习题

○　　○　　○　　○　　○

绘制图 6-72 所示的三维模型并标注尺寸。

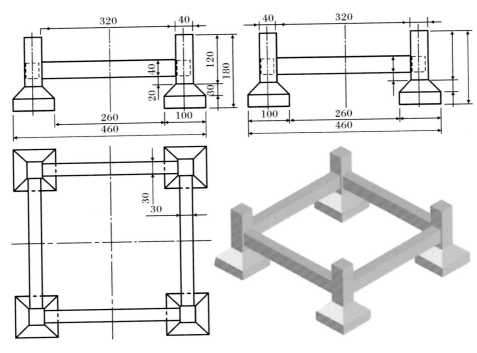

图 6-72

任务 4
绘制羽毛球拍

羽毛球拍尺寸和效果如图 6-73 所示。

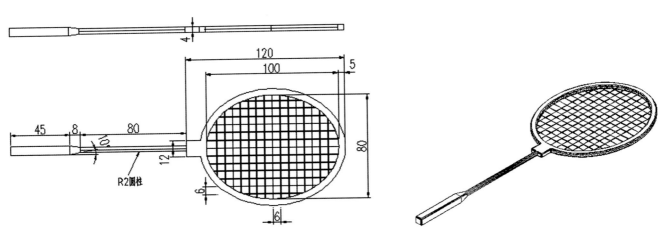

图 6-73

(1)切换到二维俯视图,在命令行中输入椭圆绘制命令 EL,绘制两个椭圆,如图 6-74 所示。

(2)在命令行中输入直线命令 L,绘制左边截面,如图 6-75 所示。

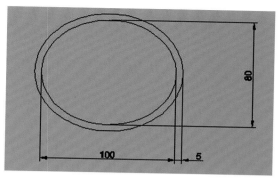

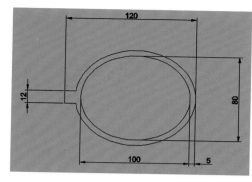

图 6-74

图 6-75

（3）在命令行中输入 REGION，生成面域，更改视觉样式为概念，如图 6-76 所示。

（4）切换到西南轴等测三维视图，在命令行中输入拉伸命令 EXT，拉伸高度为 4，如图 6-77 所示。

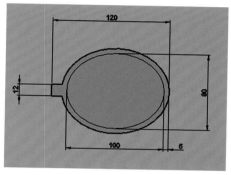

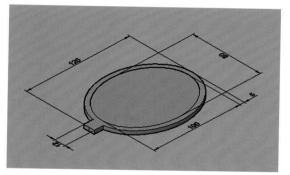

图 6-76

图 6-77

（5）删除标注，在命令行中输入 SUBTRACT，做布尔求差，先选大的轮廓按空格确定后，再选小的轮廓，如图 6-78 所示。

（6）在命令行中输入 UCS，设置用户坐标系，原点捕捉左端面中间线的中点，指定 XY 方向，如图 6-79所示。

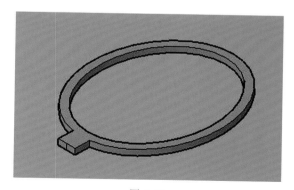

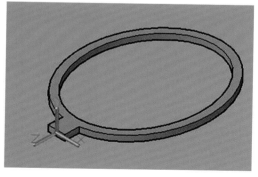

图 6-78

图 6-79

（7）在命令行中输入 C，绘制一个半径为 2 的圆，圆心坐标为(0,0)，如图 6-80 所示。

（8）在命令行中输入拉伸命令 EXT，沿 Z 向拉伸 80，如图 6-81 所示。

（9）切换到主视图，绘制截面图形，如图 6-82 所示。

（10）切换到西南轴等测三维视图，设置用户坐标系，如图 6-83 所示。

（11）在命令行中输入 C 绘制圆，分别是圆柱端面和左前面两个圆，在命令行中输入 POL 绘制圆外接正四边形，如图 6-84 所示。

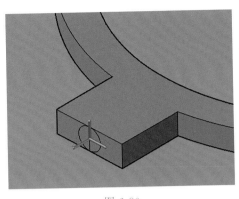
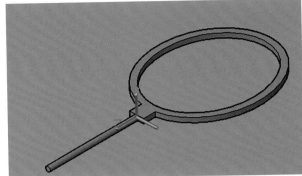

图 6-80　　　　　　　　　　　　　　　　　　图 6-81

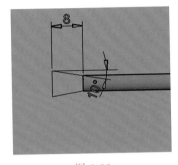
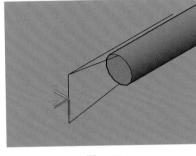
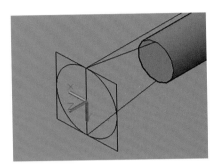

图 6-82　　　　　　　　　图 6-83　　　　　　　　　图 6-84

(12)在命令行中输入放样绘制命令 LOFT,依次选择圆柱端面圆和正四边形,如图 6-85 所示。

(13)重复再次绘制一个正四边形,在命令行中输入拉伸命令 EXT,拉伸距离为 45,如图 6-86 所示。要点:先选择正四边形,再输入拉伸命令。

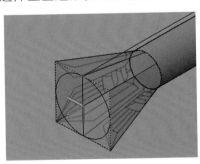
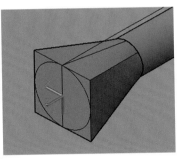
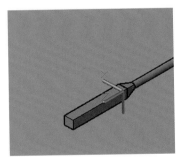

图 6-85　　　　　　　　　　　　　　　　　　图 6-86

(14)拉伸球拍线,在图 6-87 位置绘制一个半径为 0.2 的圆,拉伸生成圆柱体,如图 6-87 所示。

(15)在命令行中输入复制命令 CO,复制间距为 6,如图 6-88 所示。

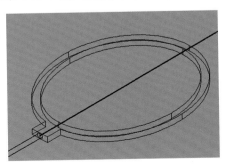
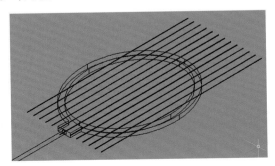

图 6-87　　　　　　　　　　　　　　　　　　图 6-88

（16）设置用户坐标系，在圆点位置绘制一个半径为 0.2 的圆，如图 6-89 所示。

（17）在命令行中输入拉伸命令 EXT，拉伸 200，如图 6-90 所示。

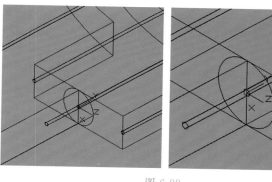
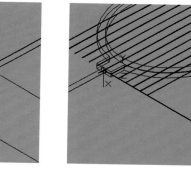

图 6-89　　　　　　　　　　　　　　　　　　　　图 6-90

（18）移动纵向球拍线，在命令行中输入移动命令 M，沿 Z 向负方向移动 100，如图 6-91 所示。

（19）复制纵向球拍线，在命令行中输入复制命令 CO，复制间距为 6，如图 6-92 所示。

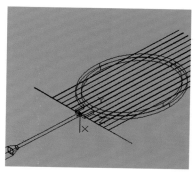
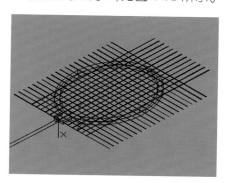

图 6-91　　　　　　　　　　　　　　　　　　　　图 6-92

（20）切换成概念显示，在命令行中输入复制命令 CO，复制一个球拍柄主体，如图 6-93 所示。

（21）进行布尔求和操作，在命令行中输入 UNION，选择所有球拍线，对纵向球拍线和横向球拍线进行布尔求和操作，如图 6-94 所示。

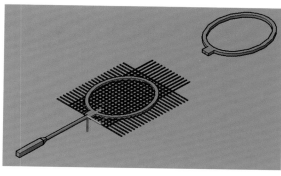

图 6-93　　　　　　　　　　　　　　　　　　　　图 6-94

（22）在命令行中输入 SUBTRACT，进行布尔求差，先选择球拍线按空格键确认后，选择球拍主体确认，如图 6-95 所示。

（23）在命令行中输入分割实体命令 SOLIDEDIT，选择球拍线，在弹出的窗口中选择分割实体确认，如图 6-96 所示。

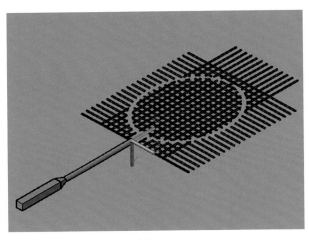

图 6-95

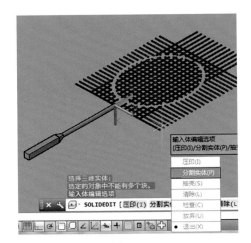

图 6-96

(24)选择外围球拍线,按 Delete 键删除,如图 6-97 示。

(25)在命令行中输入 M,移动球拍主体到指定位置,如图 6-98 所示。

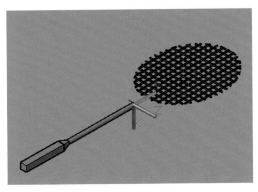

图 6-97

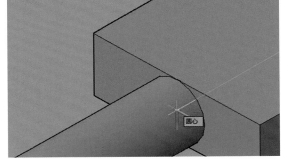

图 6-98

(26)在命令行中输入 UNION,对球柄进行布尔求和操作,如图 6-99 所示。

(27)在命令行中输入倒圆角命令 F,圆角半径为 0.2,如图 6-100 所示。

图 6-99

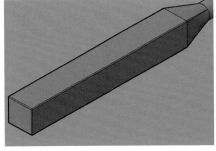

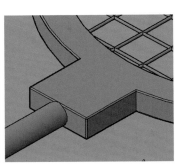

图 6-100

(28)命名文件羽毛球拍,保存退出。

课 后 练 习 题

○　　○　　○　　○　　○

绘制图 6-101 所示的三维模型并标注尺寸。

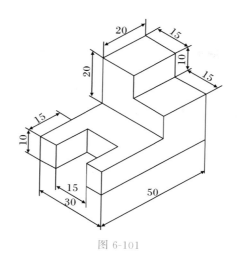

图 6-101

任务 5
绘制休闲亭

（1）启动 AutoCAD 2014，在三维建模工作空间中，视图设置为东南等轴测，绘制休闲亭底座。在命令行中输入正多边形绘制命令 POL，边数设置为 6，中心坐标为（0,0,0），内接圆半径为 500，如图 6-102 所示。

（2）绘制第二个正六边形，中心坐标为（0,0,0），内接圆半径为 550，绘制第三个正六边形，中心坐标为（0,0，−50），半径为 600，如图 6-103 所示。

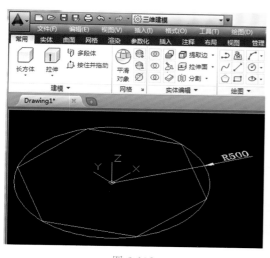

图 6-102

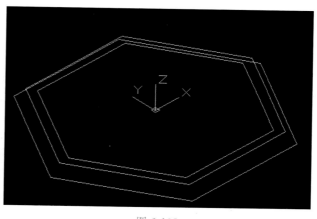

图 6-103

（3）执行拉伸命令，将半径为 500 的正六边形向上拉伸，拉伸高度为 50，将半径为 650 的正六边形向下拉伸，拉伸高度为 50，将半径为 600 的正六边形向下拉伸，拉伸高度为 50，如图 6-104 所示。

（4）绘制圆柱体，在命令行中输入圆柱体命令 CYLINDER，圆心坐标为（450,0,50），半径为 20，高度为 1000，如图 6-105 所示。

（5）改变圆柱体颜色，选中圆柱体，单击右键，在快捷菜单中选择"特性"，在特性面板中设置颜色，如图 6-106 所示。

图 6-104   图 6-105   图 6-106

(6)对立柱进行环形阵列,阵列中心位置为 Z 轴,数量为 6,如图 6-107 所示。

(7)移动坐标系,在命令行中输入 UCS,设置 XYZ 方向,如图 6-108 所示。

(8)绘制长方体,第一个角点坐标为(0,−15,100),另一个角点坐标为(450,15,130),如图 6-109 所示。

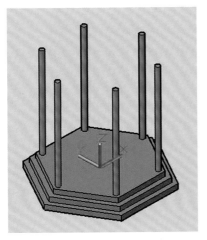
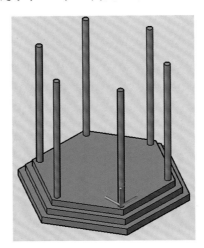
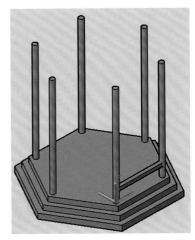

图 6-107   图 6-108   图 6-109

(9)复制横档向上 300,移动坐标系到横档中点,如图 6-110 所示。

(10)绘制圆柱体,圆心坐标为(−135,15,0),半径为 10,高度为 270,如图 6-111 所示。

(11)执行矩形阵列,阵列参数为行数 1 列数 4 层数 1,列间距为 90,如图 6-112 所示。

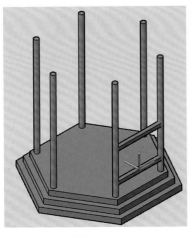
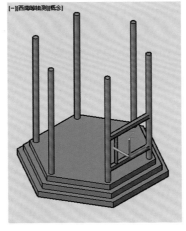
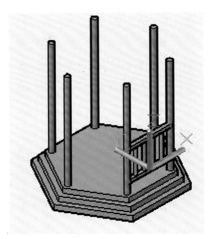

图 6-110   图 6-111   图 6-112

（12）移动坐标系到底座中心，做环形阵列，阵列中心为 Z 轴，阵列数为 6，删掉入口处横档和立柱，如图 6-113 所示。

（13）沿 Z 轴移动坐标系，高度为 1050，如图 6-114 所示。

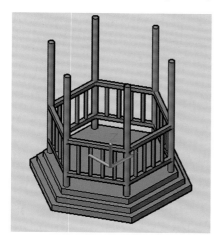
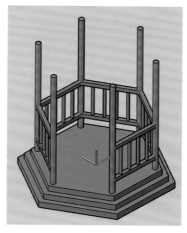
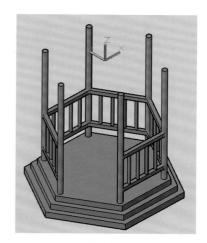

图 6-113　　　　　　　　　　　　　　　　　　图 6-114

（14）绘制顶棚截面线，绘制 2 个正六边形，第一个中心坐标为（0,0,0），内接圆半径为 600，第二个中心坐标为（0,0,100），半径为 300，绘制一个圆，圆心坐标为（0,0,300），半径为 50，如图 6-115 所示。

（15）使用放样命令创建顶棚，如图 6-116 所示。

（16）视图切换到前视图，绘制顶部截面线，如图 6-117 所示。

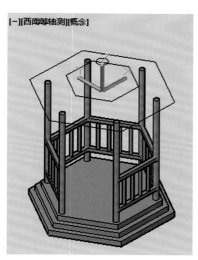

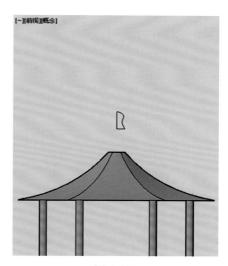

图 6-115　　　　　　　　　　　图 6-116　　　　　　　　　　　图 6-117

（17）旋转生成实体，向下移动到顶面接触位置，如图 6-118 所示。

（18）切换到西南等轴测视图，绘制圆桌立柱，圆心坐标为（0,0,50），半径为 25，高度为 300，绘制圆桌面，捕捉圆心，半径为 200，高度为 30，如图 6-119 所示。

（19）切换到前视图，绘制圆凳子截面图形，旋转生成实体，如图 6-120 所示。

（20）切换到西南等轴测视图，回到世界坐标系状态，移动圆凳子位置，坐标值为（280,0,50），对圆凳进行环形阵列，如图 6-121 所示。

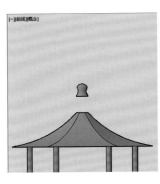
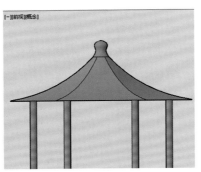

图 6-118　　　　　　　　　　　　　图 6-119

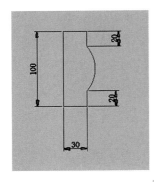
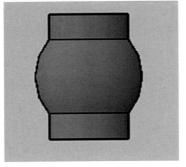

图 6-120　　　　　　　　　　　　　图 6-121

(21)命名文件休闲亭,保存退出。

课后练习题

○　　　○　　　○　　　○　　　○

绘制图 6-122 所示的三维模型并标注尺寸。

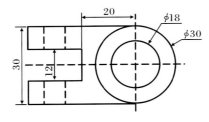
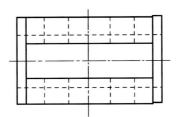
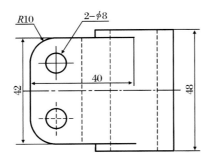

图 6-122

任务 6
绘制建筑三维模型图

建筑三维图如图 6-123 所示。

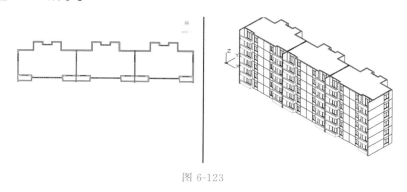

图 6-123

第 1 步:准备工作

(1)文件操作:

①单击"打开"按钮,打开之前绘制的单元平面图。

②选择菜单栏中的【文件】|【另存为】命令,在弹出的图片另存为对话框中输入文件名为"三维模型图"。

(2)图形清理:

①设置"轴线""墙线""阳台"三个图层为"关"状态,其他图层为"开"状态。

②删除可显示的图形对象,并执行清理命令 PURGE。

③设置"轴线""墙线""阳台"三个图层为"开"状态,只保留最左侧单元为参考图形,删除其他墙线、轴线、阳台,如图 6-124 所示。

(3)新建图层:

新建"3D 墙线""3D 门窗""3D 阳台""3D 楼板"四个图层,线型为"Continuous",颜色自定,但最好与平面图的对应图层颜色区分开。

(4)设置"视口方案":

①选择【视图】|【视口】|【两个视口】命令,在提示信息下,输入"V"选择垂直分割方案,绘图区被设置为两视口布局方案。

②切换至右视图,单击视图工具栏上的东南等轴测按钮,设置结果如图 6-125 所示。

第 2 步:绘制三维墙体

(1)图层设置:

①设置"轴线""阳台"图层为"关"状态。

②设置"3D 墙线"为当前图层。

③单击左视口,设置为当前视口。

(2)生成三维墙体拉伸对象:

在命令行中输入 BO 执行边界命令,弹出"边界创建"对话框。单击"拾取点"按钮,在左视口的图形中分别单击各墙段所围区域的内部,形成多个封闭且独立的多段线。这些多段线就是下一步的拉伸对象。

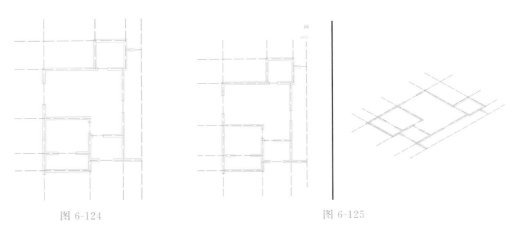

图 6-124   图 6-125

设置"墙线"图层为"关"状态。

(3)拉伸生成墙体：

单击绘图工具栏上建模中的"拉伸"按钮，执行拉伸命令。选择左视图中的"墙段1"，按 Enter 键后设置拉伸高度为3000，倾斜角度为0，拉伸结果如图6-126所示。图中右视口是执行了消隐命令 HIDE 后的显示效果。

(4)只生成外墙的三维模型。

工程实际应用中的房屋建筑模型，只需要表达出外墙及其上的门窗、阳台等对象的信息，而不用生成内墙体的三维模型。这样生成的模型，绘图处理速度快，占用磁盘空间小。

具体操作步骤如下。

①按本步的第(1)项操作进行图层设置。

②执行"直线"命令，在内墙与外墙相交处绘制一条垂直于内墙的线段。

③按本步的第(2)项操作执行边界命令，只生成外墙多段线。

④设置"墙线"图层为"关"状态，如图6-127所示，只显示属于"3D墙线"的墙线。

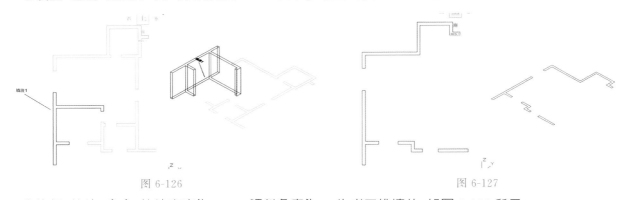

图 6-126   图 6-127

⑤执行"拉伸"命令，拉伸高度为3000，倾斜角度为0，生成三维墙体，如图6-128所示。

(5)绘制窗下墙和窗上墙。

以 A 轴线的"C—1"窗为例，将右视口设置为当前视口，具体操作步骤如下。

①绘制窗下墙。单击绘图工具栏的长方体工具，执行长方体命令，捕捉洞口两侧墙体的两个对角端点 A、B，如图6-129所示。

输入高度900，绘制结果如图6-130所示。

②绘制窗上墙。再次执行长方体命令，捕捉两墙上面两个对角，高低为−600，结果如图6-131所示。

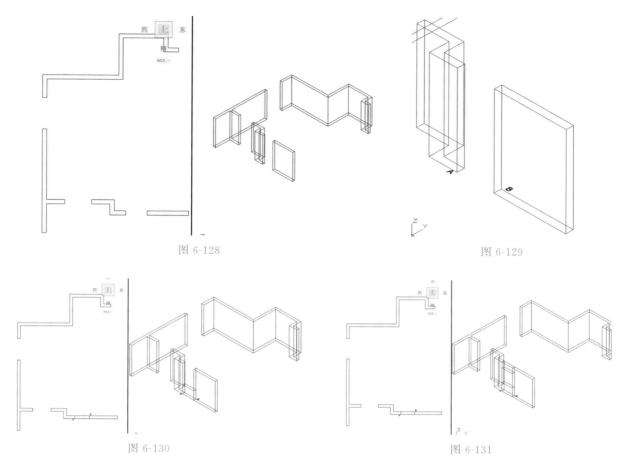

图 6-128　　　　　　　　　　　　　　　　　　图 6-129

图 6-130　　　　　　　　　　　　　　　　　　图 6-131

重复上述操作,绘制其他门窗洞口的墙体,绘制结果如图 6-132 所示。

第 3 步:绘制门窗

(1)图层设置:

①设置"3D 门窗"为当前图层。

②单击左视口,设置为当前视口。

③设置左视口为主视图。

(2)绘制二维门窗:

①绘制一个 1000×1000 的正方形,向内偏移 50,生成一个内正方形,如图 6-133 所示。

②绘制一个 420×900 的矩形,如图 6-134 所示。

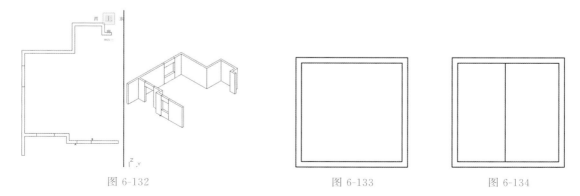

图 6-132　　　　　　　　　　　图 6-133　　　　　　　　　图 6-134

③删除一个内矩形,镜像上一步的矩形,如图 6-135 所示。

(3)布尔运算生成三维窗。

左视口为前视口,具体步骤如下:

①使用"拉伸"命令,选择三个矩形,设置拉伸高度为 80,右视口消隐,效果如图 6-136 所示。

②单击实体编辑工具栏中的差集,执行布尔差运算命令。首先选择外部的正方形作为被减实体,按 Enter 键后,再选择内部的两个小矩形作为减去实体。命令结束后,右视口消隐效果如图 6-137 所示。

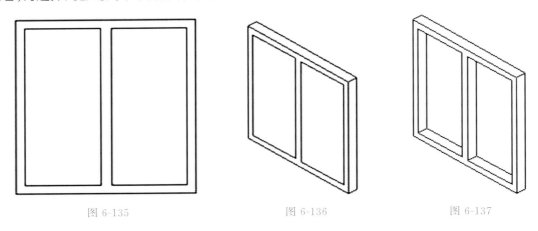

| 图 6-135 | 图 6-136 | 图 6-137 |

③新建"3D 玻璃"图层,颜色可设置为青色,线型为 Continuous,并将其设置为当前图层。

④执行"矩形"命令,在左视图中绘制与原内部矩形一样的两个矩形。

⑤设置"3D 门窗"图层为"关"状态。

⑥执行"拉伸"命令,选择这两个矩形,设置拉伸高度为 20。

⑦执行"移动"命令,在窗口中任意位置单击以确定基点,然后在命令行中输入相对坐标@0,-40,0,将玻璃移动到窗框中间位置。

⑧设置"3D 门窗"图层为"开"状态。

⑨在命令行中输入 B,执行定义块命令,将三维窗制作成名称为"3D 窗"的图块,选择三维窗的前面板的左下角点作为插入基点。

(4)插入"3D 窗"图块。以插入 C-2 窗为例,具体操作步骤如下:

①单击右视口,设置为当前视口。

②在命令行中输入 I,执行插入块命令。在弹出的对话框中选择"3D 窗"图块,设置缩放比例区域的比例因子 X 为 1.2,Y 为 1.0,Z 为 1.5。在图形窗口中选择窗洞口的左下角点,插入结果如图 6-138 所示。

③应用上述方法,完成其他门窗,如图 6-139 所示。

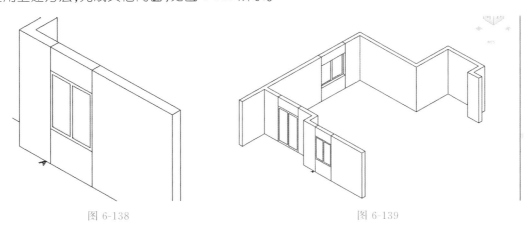

| 图 6-138 | 图 6-139 |

第 4 步:绘制阳台

阳台绘制包含扶手、栏板、阳台楼板。

(1)绘制阳台栏板的扶手:

①设置"阳台"图层为"开"状态。设置"3D 阳台"图层为当前图层。调整视窗如图 6-140 所示,并设置左视口为当前视口。

②在命令行中输入 BO,执行边界命令,在阳台线内部任意一处单击,生成扶手拉伸对象。

③执行拉伸命令,选择刚生成的扶手对象,设置拉伸高度为 100,右视图的拉伸结果如图 6-141 所示。

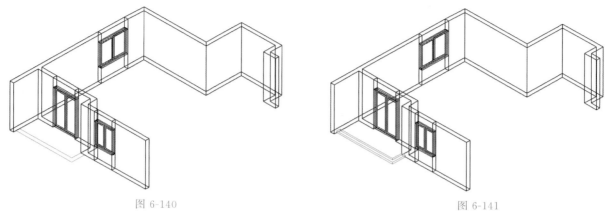

图 6-140　　　　　　　　　　　　　　图 6-141

④单击修改工具栏里的移动工具,执行移动命令。选中拉伸后的扶手,在左视口中任意一处单击,确定基点,在命令行中输入相对坐标@0,0,1000,向上移动 1000,移动结果如图 6-142 所示。

(2)绘制阳台栏板。

①设置"0"图层为当前图层,再设置"3D 阳台""阳台"图层为"关"状态,"轴线"图层为"开"状态。左视口显示如图 6-143 所示。

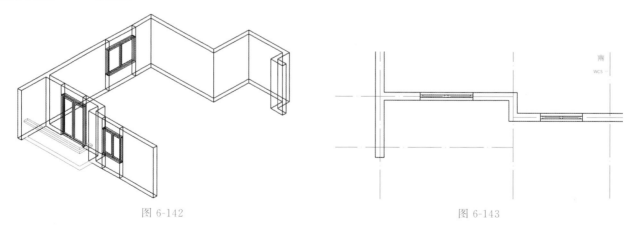

图 6-142　　　　　　　　　　　　　　图 6-143

②在命令行中输入 ML,执行多线命令,设置线宽比例为 120,对正为无,捕捉轴线交点,绘制阳台栏板。左视口显示如图 6-144 所示。

③设置"轴线"图层为"关"状态,"3D 阳台"图层为"开"状态,并设置"3D 阳台"图层为当前图层。

④在命令行中输入 BO,执行边界命令,在栏板线内部单击鼠标,生成栏板拉伸对象。

⑤单击实体工具栏上的拉伸工具,执行拉伸命令。单击刚生成的栏板对象,设置拉伸高度为 1300,右视图的拉伸结果如图 6-145 所示。

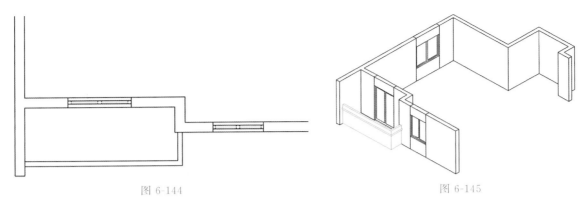

图 6-144　　　　　　　　　　　　图 6-145

⑥单击修改工具栏上的移动工具,执行移动命令。选中拉伸后的栏板,在左视口中任意一处单击,确定基点,在命令行中输入相对坐标@0,0,−400,向下移动400,移动结果如图6-146所示。

(3)绘制阳台楼板。

①设置"阳台"图层为"开"状态。设置"3D楼板"图层为当前图层。调整视窗如图6-147所示,并设置左视口为当前视口。

②在命令行中输入BO,执行边界命令,在阳台线与墙线围成的区域内部任意一处单击,生成阳台楼板拉伸对象。然后设置"阳台"图层为"关"状态。

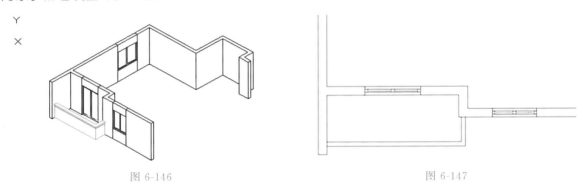

图 6-146　　　　　　　　　　　　图 6-147

③单击实体工具栏上的拉伸工具,执行拉伸命令。选择刚生成的阳台楼板对象,设置拉伸高度为−100,右视口的拉伸结果如图6-148所示。

第 5 步:组装全楼

(1)图层设置:

①设置所有3D图层为"开"状态。

②设置轴线图层为"开"状态。

(2)镜像生成单元三维模型:

①设置左视口为当前视口。

②单击修改工具栏上的镜像工具,执行镜像命令,选择所有三维对象,镜像结果如图6-149所示。

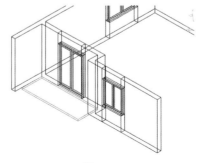

图 6-148

(3)生成室内楼板。

操作均在左视口内完成。

①设置"3D墙线"图层为当前图层,在楼梯间的窗洞口处补充绘制墙体。

②设置"轴线"图层为"关"状态。设置"3D楼板"图层为当前图层。

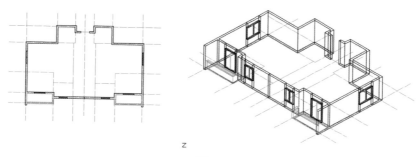

图 6-149

③在命令行中输入 BO,执行边界命令。在墙线围成的区域内任意一处单击,生成室内楼板拉伸对象,如图 6-150 所示。

④单击实体工具栏上的拉伸工具,执行拉伸命令。单击山墙内侧,选择刚生成的室内楼板为拉伸对象,设置拉伸高度为－100。

⑤单击修改工具栏上的移动工具,执行移动命令。单击山墙内侧,选择室内楼板模型,在视口中任意位置单击鼠标以确定基点,然后在命令行中输入相对坐标@0,0,3000,向上移动 3000,将楼板移动到屋顶,移动结果如图 6-151 所示。

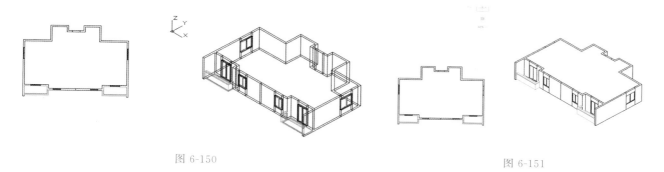

图 6-150　　　　　　　　　　　　　　　　图 6-151

(4)三维阵列生成。

选择【修改】|【三维操作】|【三维阵列】命令,操作步骤如下。

①命令:2DARRAY。

②选择对象:窗选三维对象。

③输入阵列类型:矩形。

④输入行数:1。

⑤输入列数:3。

⑥输入层数:6。

⑦指定列间距:16204。

⑧指定层间距:3000。

执行后,结果如图 6-152 所示。

经过以上步骤,完成了三维建筑图的绘制,后期可以根据自己的兴趣,进一步完成楼房建筑女儿墙和室外地面的绘制,使建筑图更加美观。

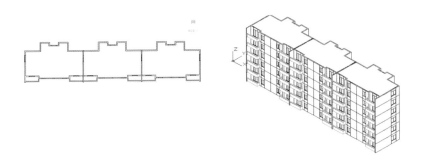

图 6-152

课后练习题

○　　　○　　　○　　　○　　　○

绘制图 6-153 所示的三维模型并标注尺寸。

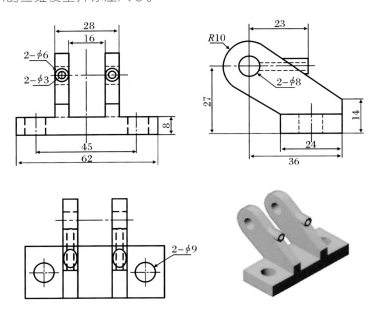

图 6-153